東京農業大学奉仕会

国際協力と環境保全を志した若者達の軌跡

東京農業大学出版会

目　　　次

　　はじめに　随想集の出版にあたって・・・・・・・・・・・・・・・小野賢二

特別寄稿
　　1　栗田匡一先生・・・・・・・・・・・・・・・・・・東京農業大学名誉教授　　豊原秀和
　　2　東京農業大学奉仕会の追憶・・・・・・・真言宗豊山派萬蔵院住職　　中川祐聖

黎明期の奉仕会
　　1　奉仕会にありがとう　・・・・・・・・・・・・・・・・・・・・・・小野賢二
　　2　「AVS 海外活動報告書」から抜粋
　　　　(1) 第一次韓国派遣隊報告書表紙コピー
　　　　(2) 「趣旨」・・・・・・・・・・・・・・・・・・・・・・・・・中木義宗
　　　　(3) はじめに・・・・・・・・・・・・・・・・・日本 F.A.O 協会理事長　　東畑四郎
　　　　(4) 農大奉仕会海外活動第 1 集によせて・・・・
　　　　　　　　　　　　　　　　　　　東京農業大学助教授　　栗田匡一
　　3　農大奉仕会と私　・・・・・・・・・・・・・・・・・・・・地曳隆紀、いく子
　　4　インドのコロニーから始めた国際奉仕活動・・・・・・・沼倉公昭
　　5　感動した懇親会での「会歌の合唱」・・・・・・・・・・・大竹道茂
　　6　私の中の奉仕会　・・・・・・・・・・・・・・・・・・・・・・・中木義宗

海外農業協力活動
　　7　ベトナムの生と死・・・・・・・・・・・・・・・・・・・・・・・中村啓二郎
　　8　奉仕会の活動を活字として残す・・・・・・・・・・・・・・竹村征夫、洋子
　　9　運否天賦・・・・・・・・・・・・・・・・・・・・・・・・・・・・竹内定義
　　10　アフリカの稲作技術協力に魅せられて・・・・・・・・・・栗田絶学
　　11　半生の反省記・・・・・・・・・・・・・・・・・・・・・・・・・伊藤達男
　　12　ジャワ島緑茶プロジェクトに携わって・・・・・・・・・・久保明三
　　13　ブラジル便り・奉仕会追憶・・・・・・・・・・・・・・・・・岩澤貞夫
　　14　奉仕会から 40 年が経って・・・・・・・・・・・・・・・・・伊藤秀雄
　　15　私の「農」との出会い。現在の私・・・・・・・・・・・・・宮良　聡

国内活動：人材育成、教育、行政、農業経営
　　16　「帰農志塾」有機農業実践人材育成の歴史・・・・・・・戸松　正、眞智子
　　17　個性豊かな拓殖 13 期の奉仕会の仲間・・・・・・・・・・門間敏幸
　　18　奉仕会と私の職業について・・・・・・・・・・・・・・・・後藤　哲

19 原点は「人間相互の尊重と協力により人間形成をはかる」···板垣啓四郎
20 回想（栗田先生の言葉と飢えの地理学）·········市丸　浩
21 奉仕会随想······························梶谷満昭、きよみ
22 野生ギボウシを追って···················阿部　浩
23 「緑の家」と私·························大西賢二
24 奉仕会の思い出·························愛川恭二
25 「農大奉仕会」と私·····················橋本敬次
26 奉仕会と私····························清水治夫
27 栗田先生からの贈り物····················清水美智子

人生を貫く栗田哲学、奉仕会精神
28 栗田先生との出会い·····················後藤國夫
29 絵描きと奉仕会·························竹内郁子
30 半生を振り返り反省しきり·················小原正敏
31 人間如何に生きるべきか···················木村　斎
32 奉仕会の思い出など·····················後藤圭二
33 奉仕会活動の思い出·····················中森勘爾
34 奉仕会と私····························宇都宮美香
35 「奉仕会」と「探検部」···················村田公彦
36 私的奉仕会青春記·······················松浦良蔵

資料集
1 AVS ニュース第 13 号　（1971 年 1 月 24 日発行。提供：菅田正治）
　　(1) 1971 年の奉仕会の展望
　　(2) 万蔵院ワークキャンプ報告
2 栗田先生遺稿
　　(1) 杉野さんとの三十年
　　(2) 「卒業生諸君に贈る」
　　(3) 古希祝賀会に際してごあいさつ
3 写真資料
4 農大奉仕会略年表

題字　真言宗豊山派萬蔵院第 74 世住職　中川祐聖大僧正

随想集出版にあたって

　栗田匡一先生の法要で、大切な自己形成の若い時代を、奉仕会という共通の土壌で過ごした者同士が集まり、感慨もひとしおでした。

　顧みますと50年以上が経過していました。その間の一人一人が歩んで来た貴重な足跡を残しておくことは、生きてきた証であり高齢になった今、最優先することではないかと気づき、この本の出版を提案した次第です。

　今日の日本では釣瓶落としの如く少子高齢化が進み年寄りが残され、日々の生活にも苦労され、たくさんの人が将来に不安を抱えておられます。空き家や耕作放棄地が増えるに伴い、日本の食文化である稲作さえも危うくなっていることに危機感を感じています。『これでいいのか奉仕会‥‥‥』と、栗田先生の鋭い声が聞こえてくるようです。

　奉仕会は、世界各地でその地に根ざした生き方を実践し、同じ釜の飯を食べて共に考え、信頼感関係を築き協調して、ゼロから何かを創造する力を引き出すことが基本でありました。そして人間も含めて生きとし生けるもの全てが育まれている大地を耕すことにより、自然に対して畏敬と感謝の念を抱き、人としての真の生き方が生まれて来ると感じています。

　この本は、奉仕会を通じて開拓精神と人間力で国際協力と環境保全に全力で取り組んできたOB.OGが多くの分野にわたり貢献してきた足跡の記録です。この時代を通して、現代のグローバル化による情報の洪水の中で、個人の生き方の原点を見失っている多くの人たちにこそ、多様性を認め合い、それを集合させることが一番必要ではないでしょうか。閉塞感が漂っている今日にこそ一石を投じ、大きな波紋を広げてくれるかもしれません。

　発刊に当たり、多くの方々から力作が寄せられ、皆さんの思いが記録されました。また編纂にご努力、ご協力頂いた多くの方々に深甚なる謝意を申し上げる次第です。

令和元年8月12日
編集委員長　小野賢二

特別寄稿

栗 田 匡 一 先 生

豊原秀和（昭和 45 年卒）

　栗田匡一先生は、昭和 31 年に千葉県茂原市に創設された農業拓殖学科に赴任
され、昭和 56 年 3 月ご退職までの 25 年間にわたり学生教育に携わって来られ
た。私は昭和 42 年、2 年次に熱帯殖産研究室に入室し、学生時代から助手まで
の 14 年間栗田先生の薫陶を得た。その頃と中南米を訪問した時に知り得た栗田
先生について記すことにする。栗田先生を語るには、茂原時代を抜きには語れな
いのではないかと。

　千葉県茂原市には、昭和 22 年に専門部林業科および専門部畜産科が設置され
ていたが、昭和 31 年に農学部農業拓殖科が設置され、3 学科体制となった。茂
原時代の先輩方に話を聞くと、授業どころではなく殆ど畑仕事が多かったと聞く。
栗田先生と茂原で過ごされた先輩方は、南米や北米に移住している方も多くいる。
私もブラジル、パラグアイ、アルゼンチン、ペルーなどに行く機会に恵まれ、茂
原で学生生活を送った多くの先輩方に会うことができた。ブラジル・サンパウロ
には、農大が建設した常盤松会館があり、中南米在住の卒業生や日本から行く卒
業生・学生の拠り所となっている。ちなみにブラジルに会館を有する大学は、東
京農業大学だけである。ブラジル・サンパウロには、千葉三郎先生、杉野忠夫先
生、栗田匡一先生、亡くなられた先輩方の慰霊碑があり、毎年慰霊祭が行われて
いる。私も数回参加したことがあるが、在住の先輩方は農大への思いや恩師に対
する感謝の気持ちを忘れることはないという。

　これらの地域で熱帯殖産研究室と自己紹介すると必ず「栗研か？」、そこから
は親しみを込めて栗田先生との茂原時代の思い出話に華が咲く。茂原時代の栗田
先生は長靴を履き学生と共に圃場整備に明け暮れていたと聞く。先輩方は皆栗田
先生のことを「栗田の親父」と呼ぶ。学生と寝食を共にした茂原時代の学生から
は親父のように慕われていたということが伺える。さらに栗田先生在職中の教え
子の皆さんは熱帯殖産研究室の事を「栗研」と呼ぶ者が多くいる事からも、栗田
先生が常に学生との交流を大事にされ、人生を論してくれていた事が伝わってく
る。私も 40 年ほど大学に勤めていたが、少なくとも農業拓殖学科（現国際農業
開発学科）において、教員の名前を研究室名にして呼ぶ者はいないと。それほど
栗田先生は学生との接点を大事にされていたということであろう。

栗田先生在職時の研究室の状況は、山崎守正先生、栗田匡一先生、西山喜一先生、早道良宏助手、前田昭男助手、その他にも多くの先輩方が集う研究室であった。先生方が探検部、奉仕会、アジア・アフリカ研究会などの顧問をしていた関係から、研究室は、探検部、奉仕会、AA研や研究室の学生が入り混じり研究室か部活の部屋かと思われたほど多くの学生の出入りがあった。そんな中、研究室員は当番制度があり、研究室の掃除・温室管理など多くの仕事があった。栗田先生の部屋の中心には大きな桜を切り抜いた火鉢と鉄瓶が供えられていて、当番の最初の仕事は火鉢に込める炭起こしと鉄瓶での湯沸しであった。それは茂原時代から引き継がれた殖産研究室の伝統であった。

　栗田先生は、時間を見ては学生室に来られ、テーブルの上に足をあげ学生が周りを囲み、学生とネパール・ラプティ農場の話や講義について学生から質問を受けるなど、懇談することが常であった。先生は禁煙中であったが、毎日エコーというタバコを購入し、火をつけないで咥えていた。中には先生が咥えたタバコの濡れた部分を切って、吸っている学生もいた。

　ある時先生を車で東京駅まで送っていったことがある。渋谷を通り過ぎた所の青山通り金王坂陸橋の下を通った時、青山学院の学生が渡っていた。その時陸橋を眺めながら、もう少しスカートが短いと眺めがよいのに。なんて事を言い出したこともある。厳しそうに見えるが大変ユニークな一面もあった。

　そんな先生も授業には大変厳しく、助手の先生方が毎回出席カードを配り回収する事が通常に行われていた。栗田先生の講義の中で一番印象に残っているのは、コンパニオンクロップと「共栄作物とその利用」についての内容であり、自分の講義にも多く引用させて頂き、今でも実践させて頂いている。栗田先生が強く学生に言いたかったのは、「実践を通して学べ」ということが一番印象に残っている。

（東京農業大学名誉教授）

特別寄稿

東京農大奉仕会の追憶

真言宗豊山派萬蔵院
第74世住職　中川祐聖

　小野さん来山、奉仕会に関して一筆書いてくださいとのこと。私は文章を書くのは大の苦手、しかし話を聞いているうちに種々なことがよみ返り、部分、部分、正に走馬燈の如くに思い出されてきた。ぽつりぽつりと。

　私を挟んだ若手、同年代、年上のメンバー、私は大正大学出身である。東京農業大学奉仕会とはどういうつながりで慈光学園、萬蔵院でキャンプをするようになったか知らない。いつのまにか居るという感じ。農大卒の先輩である倉持義之さん、塚原信弥さん、忍田光さん、学園理事の野村義男さん、吉田医師等、錚々たる方達が応援していた。

　朝早くから校歌を歌い、天地返し、開墾などの作業をしていた。力はある。ありすぎでスコップ、トンガ、ナタ等々、農機具を壊しながらの作業だった。当時会沢久木さんが学園の農作業を………していた。作業の進め方など奉仕会会員に指導していた。

　奉仕会会員と先代祐俊との話。話に耳を向けない息子（私）と違い、よく聞いてくれた会員諸君。戦争の話から始まり、その他色々な体験談もで、約2時間コースで話している。本人がとても嬉しそうだったのを覚えている。

　奉仕会会員はこの猿島の大地に自然農法を植え付けてくれた。小野さん、清水さん、戸松さん達。わが家は今でも清水さん、戸松さんの美味しい無農薬野菜をいただいている。

　学園、萬蔵院の庭から農大名物大根踊りの勇壮な歌声も久しく聞いていない。あれは地域での名物でもあった。今は学園理事としてお手伝いいただいている橋本文治さんも最近ではあまりやらない。

　奉仕会会員諸氏の更なる活躍を心から期待している。

※編集注：萬蔵院は茨城県坂東市（旧猿島郡）の真言宗の古刹。祐聖氏の実父である先代の中川祐俊住職は、昭和11年3月大正大学卒業後、日本高等国民学校・加藤完治先生の下で農業を学び、昭和35年には3万坪という広大な寺内で東南アジアを主体とした11カ国の学生による国際ワークキャンプを行っている。奉仕会は前身の「ワークキャンプ研究会」時代から、初代顧問・杉野忠夫教授の指導で萬蔵院に於いてワークキャンプを実施していた。祐俊住職から折に触れてご講話をいただき、研究会の名前をつけるに際しては、会員との激論の末に「東京農業大学奉仕会」と名付けられた。萬蔵院・慈光学園は奉仕会にとって欠かせない自己形成の場であり、会員達は祐俊住職を「御前様」と慕い、長男の祐聖氏にも親しくしていただいた。祐俊住職はその後、総本山長谷寺第八十世化主に就任され、平成17年8月28日に93歳で遷化された。

黎明期の奉仕会
1 奉仕会にありがとう

小野　賢二（昭和41年畜卒）

第一次韓国派遣隊参加。卒業後教職を経て茨城県猿島郡（現坂東市）で自然養鶏を営みながら、地元の生活者・行政を巻き込んだ『有用微生物による環境保全事業業』と『もったいないピース エコショップ事業』に取り組む。海外からの有機農業体験希望者を受け入れ、夫婦二人三脚で『国際協力と環境保全』を実践してきた。

　私は、岐阜県の親孝行の昔話で知られている養老の滝がある養老山脈の麓で、農家の次男として生まれました。祖父母に、幼い時から「賢二は次男坊で冷や飯食いだから自分で生きていくのだからな」と言われて育ちました。又、自然に自分の中に強烈に刻み付けられた事があります。それは、近所の法堂に住んでいるお乞食さんが、各家を廻って食べ物などもらい命を繋いでいました。彼が住処としている法堂の扉には「なんでも食べます。よくかんで」という木札が下がっていて、信仰心の熱い周囲の人たちに受け入れられているのを見て育ったのが、後の自分の人生に食に対する感謝の念や助け合いの精神など植え付けてくれたように感じています。

　私が東京農大を選んだ理由は育ててくれた風土と食の大切さでした。鶏の研究として種鶏の繁殖技術と日本古来の種の保存を研究するための畜産学科でした。それは2年間養鶏試験場に勤務していた時に農大卒で農学博士の方に出会えたご縁からでした。なんと素晴らしいことをされている事か、特に種鶏の改良と種の固定をする遺伝学には感心する事ばかりでした。わずか1年半でしたができるだけのお手伝いをさせて頂きました。ある時先輩が私の将来を気にかけて下さり、「今後日本で養鶏に携わる仕事をするならば是非農大で学問を究めたまえ」との勧めがありました。事務系より専門職に就いたほうが人生はより豊かになり発展性が持てるのではと勧めて頂き受験することに決めました。幸い合格しましたが、私の郷里では大学に進学する人は殆どいなく、親に授業料以外は頼れなかったので、研究室に寝泊まりする事もあり、アルバイトに明け暮れる日々でもありました。

　昭和37年の入学で同級生よりも2年間年上でした。これが功を奏したのか入学間もない頃のある日教授に研究室に呼び出されて「繁殖学研究室に入り共に研究しようではないか」と面談を受けました。本当に驚きました。願っても無い事で1年生から研究室に通い始めました。実にユニークな人達が全国から集まりそれは楽しい毎日でした。次男の私には帰る処はありません。何処にでも青山ありと決めると自然に青雲の志をもてるような気持ちになってきました。

　2年生になったある日掲示板で海外移住研主催のブラジルの農業についての調査とボランティア募集についての講演があり何か興味が湧いてきました。何事にも見聞を広めようと聴きに行き会場の教室は満員で熱気に溢れていました。

※国際ワークキャンプの案内状（1963年のもの。一部スペル不具合あり）

International Work camp

⊃ₙKorea 1963
Oma Island, Cholla Namdo
July 30 - August 23

ARE YOU INTERESTED IN SUCH THINGS AS

*Service to our less fortunate neighbors
*Fellowship with our fellow man thru personal contact?

If you are, here is an opportunity for you.

Korea Work Camp Conference is sponsoring an international work camp during the coming summer vacation period, July 30—August 25. Camp site is Oma Island, one of many small islands off the southwestern tip of the Korean peninsula. We will help a land reclamation project for a group Of cured and resettled lepers. The project, when completed, will give them about 1,100 Chongbo of reclaimed land. Our work will be simple but rugged. In the main, we will help repair a dike needed to reclaim a tide-washed land on the island. Every camper is expected to work 6 hours daily, 4 hours in the morning, 2 in the afternoon. Our work there will help our unfortunate neighbors materially. But more than that our presence there will give them renewed courage and hope. The schedule of work will be planned for a balanced program of work, fellowship and fun and will include local sightseeing excursions.

拓殖学科の杉野忠夫教授が講義をされ、移住した先輩達の様子と若者への希望と期待に就いての話でした。次に話されたのはSCI（Service Civil International：国際市民奉仕団）のアジア局長さんが「海外のボランティアを募集しているのでアジアでの活動に加入してほしい」とのことで、終わってから早速たずねると、なんとSCIを主体とした農大のボランティアグループがあると紹介されました。これが後の奉仕会の基礎となった活動部隊でした。週末にはキャンプとして障害者施設などを訪問してあらゆる作業を皆なで引き受けました。そして1年後の1965年にAVS（編集注 Agriculture Volunteer Service：農業奉仕団）海外活動として第1次韓国隊が編成され参加する事にしました。

　9名の隊員で7月から9月までワークキャンプが実施されましたが、この韓国隊はもう一つの役割がありました。それは日本FAO協会での農業研修生交流計画があり韓国と農業を通して実践活動をし、真の親善が図れるようにという大きな目的がありました。各農家に一人で住み込み、農民と生活の全てを共にして韓国農村の生活実態を理解すべき実践をしてきました。

　当時は韓国との国交が正常化してなかったので一人では外出する事ができず農家の主人と同伴でした。でも若者の特権で何も恐れる事なく何事にも真剣に取り組みそれなりの成果が得られた事を記憶しています。無事にこの農業交流ができた事が韓国はもとよりアジア諸国に関心が拡大したように思います。2年後にホストファミリーが日本に私を訪ねてきてくれまして、東京見物と大阪に案内し奉仕会の人にもお手伝いをしてもらいました。小さな国際貢献が出来たような気になりました。

　その後は援農と将来自分で養鶏をやるに際して具体的な知識を得るために大手の養鶏場で実習をさせてもらいました。また援農は奉仕会が行っていた那須にある千振開拓地に入り農業の厳しさを教えてもらいました。この開拓地は終戦後に満蒙開拓地から引き揚げて来られた方々で、まさしく『無から有』を生み出す大地との戦いについての苦労話が、公民館での交流会で矢継ぎ早に出ました。これは自分には大きな糧になっています。それと那須野ガ原は野鳥の宝庫でオオタカを始め季節を通して観察できます。那須の茶臼岳に登り、その魅力に取り憑かれて良く通いました。そして奉仕会は、杉野教授から茨城県の真言宗豊山派萬蔵院の中川祐俊住職を紹介されました。障害者施設の慈光学園を立ち上げたばかりの広大な境内で力仕事はいくらでもあり、年に何回かのキャンプを設営しました。グランド予定地にある大木の抜根と整地、プールの基礎作り、周囲の排水溝堀など山積みでした。子供達との協働生活にも慣れ、初対面でもとても親しくなり作業をしながら会話が弾みました。キャンプアウトで帰るときなどいつまでも手を振って別れを惜しんでくれ、次回の再会を約して帰路につきました。キャンプ以外にも時間があれば訪れて食事と交通費がいただけるので貧乏学生には素晴らしい拠り所でした。中川祐俊住職の徳のある講話にはいつも感動するばかりでした。ご住職はその後、総本山長谷寺の

管長を勤められ、「奉仕会」という名前の名付け親でもあります。
　その後奉仕会は、杉野教授が亡くなられて栗田匡一教授に変わり指導を受けることになりました。杉野先生はどちらかと言いますと中南米の農業開発と技術指導が主な活動方針でした。一方の栗田先生は東南アジアが拠点となり特にネパール国を中心に国際協力に力を捧げられました。その功績によりネパール国から文化功労章の叙勲を受けられました。その先生の教えの中心哲学は『現在に迷う者には将来なく、今日自失する者は明日を語る可からず』で、この言葉が真髄であります。「誰人も皆同様に与えられている時間を大切にして無駄にするな」とゆう事であると理解しました。またこれからの若者は『国際協力と環境保全』に全力で立ち向かうべしだと号令を掛けられました。今振り返りますと先生のその言葉のとおり、私の歩んで来た道は不思議とその通りの様でした。

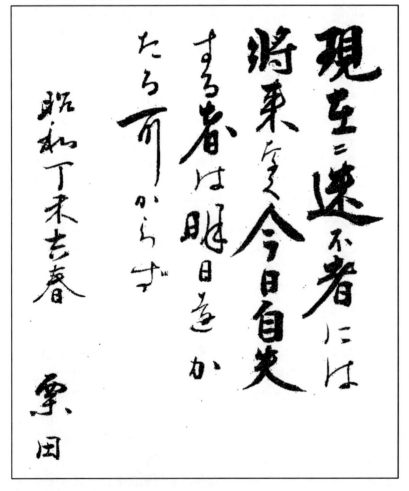

『現在に迷う者には将来なく、今日自失する者は明日を語る可からず』
栗田先生の中心哲学として、多くの卒業生にこの言葉が贈られた。

　卒業後は農高の教壇に2年間立ちましたが、これまでの体験と思いがあまりにも食い違い退職することになりました。しかし幸運なこともありました。価値観を共

有する人生の伴侶に出会えたことです。2人で自由と独立へのロマンを持って、小さな借家から質素な結婚生活がスタートしました。借地に付随していた古い豚小屋を廃材でニワトリ小屋に改築し実験動物に使用する薬剤フリー鶏を何と4年間取り組みました。どうにか日々の生活ができるようになり長女が誕生しました。その間キャンプで訪れていた萬蔵院中川和尚さんを訪ね事情を話したところ農大の先輩である猿島町元町長・倉持義之さんの紹介を受け訪ねることになりました。初対面であるにも関わらずとても好意的に受け入れて下さり、この町に落ち着いたらどうかと勧められました。その後色々なお話をしているうちにとても安価な土地があると紹介を受け、結果としてこの町に落ち着く事になりました。この土地は3年前に竜巻が通過した中心地であり被害もあり地主さんも困っていた土地でした。そこは約600坪あり荒れ地で灌木と雑草が足の踏み場もないような状態でした。何ごとにも挑戦する強い気持ちで、購入することに落ち着きました。そこに2人で設計したささやかな家を新築し、人生初の自分の土地と家を取得したこの時の気持ちは決して忘れることはありませんでした。そして完全に独立するためには土地と家の借財をできるだけ早く返す事を目標に、2人で力を合わせ働く事を誓い合いました。妻は自分のできることでと、結婚前にもやっていた中学生を対象にした塾ならぬ自由来（自由に来るという意味で）を始め、その傍ら、外の荒地を整地する事に楽しみを見出し、私が時間の許す時は彼女のやれないことをやって、2人の理想に沿った土地にしていきました。一方、私は借財返済のため、様々な自由業を体験し、数年後ようやく返済にこぎつけました。

　その定住した猿島町の我が家は、筑波山が田圃の向こう正面に見える格好の地にあり、良い隣人にも恵まれ、田舎育ちで「郷に入っては郷に従え」の風土の中で育ってきたので、部落の風俗、習慣にも自然に溶け込む事ができました。3人の娘たちも自然の中で健康に育ってくれ、私も保育園や小学校のPTA会長や部落の区長をやらせてもらい、全てが奉仕会で鍛えられた精神力と人間力による体験が活かされたように感じています。

　そして、次なる私の目標は自然養鶏場を自分でやる事だったので、先ずは資金を自ら生み出すために飼料販売代理店の許可を取り毎日養鶏場を訪問して皆さんの意見を聞き技術的な話をしながら飼料の売り込みを行いました。先輩に教えられたように養鶏関係に携わっておられる農大卒の方が多く、なかでも孵化場とブロイラーの処理と販売の経営をされていた醸造学科卒の社長さんとの出会いがあり、話を伺っていると技術者が不足しているのですぐにでも来てくれないかとの事、飼料の販売を縮小しながらフリーで種鶏を主に技術指導のお手伝いをして農場巡りをさせてもらいました。種鶏農場は何箇所かあり一番大きな農場を中心に2万羽の種鶏をスタッフと共に管理をして平飼い養鶏の問題点を選び出して改良などを加え、皆なで改善をしていきました。

この頃は全てにおいて大量生産、大量消費、大量廃棄の大きなうねりにより養鶏界もだんだん大型化になり一農場で10万羽から20万羽ほどの企業養鶏へと転換されていきました。こうなると何が起きるか、それは飼育環境の悪化による病原菌の侵入対策です。従ってこれを防ぐためには多くの薬品と添加物を飼料に混合して投与する事になったのです。この結果種鶏から生まれるヒヨコにも常に奇形などの傷害を持った個体が目につき、この現実を見たときには本当に驚きました。会議を積み重ねても薬品と添加物を取り除くとどうしても病原菌の検査結果が思わしくなく、至上命令により飼料設計の変更は断念せざるを得なくなりました。もちろん少羽数で自然な環境を整えれば十分改善できるのではないかと思われました。

そこでまだ資金は十分ではなく不安でしたが、少しでも早く最終目標の自然養鶏に踏み切る決心がつきました。年齢も44歳で一番充実した働き盛りであり本格的な自然養鶏農場の建設を決意しました。場所の選定にはできるだけ民家から離れていて、しかも里山に囲まれた土地という条件で不動産屋を走り回りました。車でお世話になっている自動車工場の社長から土地開発の会社を紹介してもらい、面談しながらこちらの事情を話し特に資金が無いので出来るだけ安価で広い場所を求めたいと虫の良い条件を出していました。思い付いたかのように案内してくれた土地が4反歩程の土地で半分ほどは低地で大雨では池のようになってしまうとの事でした。現地に案内された時は荒地で驚きましたが、それまでの経験からこの土地は工夫次第で素晴らしい土地になると確信しました。その上に安価で雑木に囲まれているので気に入り購入することにしました。銀行に相談すると根抵当権設定ならば融資をするとのこと、話を進め第一歩が始まりました。　そしてこれまでの体験や観察を踏まえて自

2001年5月31日毎日新聞掲載

分が理想とする自然養鶏を形にして行きました。まず土地の整備は妻の教え子の家が土建会社であったので、依頼してダンプ100台分の土で現在のような状態にしてくれました。次に取り組んだのが、問題の鶏舎の建設です。独自に頭に描いていたのは、一室が200羽入る位のスペースで、自然の新鮮な空気と日光が入る四面解放型で、産卵箱、とまり木付きで、運動場のある鶏舎でした。それを資金の節約も兼ねて、出来るだけ廃材、廃棄する製材所の半端物を活用して、自分で作るという計画でした。それを念頭において休む事なく1年半かけて、ようやくかまぼこ型の2棟の鶏舎が出来あがりました。運動場には夏の強い陽射しを避けるためにクヌギ、ナラの雑木を植えました。そして、鶏舎を建設しながら考えた農場の名前は「自生農場」。自生には「自然の中で、自由に生きていく」という願いが込められています。

　その一方で、一時期我が家に危機がありました。妻にはちょっと不安定な面があり、それが長女のアメリカ行きを契機に生き詰まってしまいました。それでも彼女は薬などに頼らずに、早朝自然の中を走ったり、片付けや整理に没頭し自力更生を図っていました。そういう彼女を救ったのは、なんと私が大学を卒業し就職で地方に下る時、古本屋の親父さんが記念に進呈してくれたケースが日焼けした古本の初版本である「宮澤賢治全集」でした。妻はその中の数行の詩を何回も読み返しておりました。結局彼女は「人間とは」「自分とは」「いかに生きるべきか」という根源的なところで悩んでいたのです。その問いに自分が真に納得する答えを宮澤賢治から見出した彼女は別人の様に元気になり、それまでの自分を整理し、賢治の人間定義に沿って生きようと再生を期して「私の宮澤賢治」という1冊の本にしました。

　そして、その生き方を具現化するため様々な試行錯誤の末にたどり着いたのが、自然と社会両方に繋がっている道路のゴミ拾いでした。賢治のお陰で、我が家の危機は救われ、以前よりも家族の関係も良くなりました。賢治哲学についての彼女の解釈によると、全ては現象でうつろいいく存在で、仮の姿であるが、最も確かなことは、全ての人間は誰の中にも内在している魂という次元で天と繋がっていて、その声に順って交流し生きることで、各々の人生は満たされていくと。又、賢治の言葉に「自我の意識は、個人から集団、社会ひいては宇宙へと次第に進化する」とあり、彼女が苦しんだのは個人から集団、社会へと移行する段階だったのだとも言っていました。そして、彼女はゴミ拾いを通して、自分の魂と向き合い、彼女独自の社会参加の道を歩んでいきました。

　一方、私は自分で作った鶏舎で、これまでの体験を通して得た結論の飼育方法で養鶏を始めました。餌は有機生産物を中心に単品で購入して安全な自家配合をすること。薬剤や添加物は一切使用しないこと。野菜の残渣や雑草などの緑餌を与えること。ヒナから平飼い育成して半年かけて産卵させることに専念していました。そしてこの卵を求められるお客さんがお陰様で次第に増えてきました。そんな折、自

生農場がゴルフ場の建設予定地に入ってしまい、よい条件で農場の移築を求められました。その頃は、「一町一場」のゴルフブームで環境破壊が危惧されていました。私達は、保守的な土地柄故、もし反対を表明すれば娘達に何かの影響が及ぶのではないかとの心配がありました。でも手塩にかけて建設した施設とこの環境からどうしても離れることが許されず何があってもこの地にとどまる決心をしました。それと強い信念を通せたのは、宮澤賢治の「正しく強く生きるとは　銀河系を自らの中に意識してそれに応じていくことである」という言葉でした。

　約3,000名の反対署名、県内初の立木トラスト運動では各新聞に掲載され約1500本分の支援者が集まりました。平成4年「猿島野の大地を考える会」が誕生し、会の基本理念を宮澤賢治的世界観に則り「自由な魂、平等、行動」としました。その後、自生農場の鶏舎に、絶滅危惧種のオオタカが2度入り、部会「オオタカ保護の会」が発足し、調査、観察を続けるうちゴルフ場の予定地内に営巣を発見。私達の会は、反対を表明しても対決ではなく対話の姿勢で一貫してきたので、妻がゴルフ場の社長さんに何回か便りを送りこちらの真意を伝えた結果、誠実に対処してくれ、レイアウトを変更し、オオタカの保護区域を設けてくれました。丁度その頃、妻は会に呼びかけて「猿島野まるごと博物館」というエコミュージアムを作っている時だったので、その場所を「野鳥の森」として加えました。又、彼女はゴミ拾いを3年近くやっていた間に、拾ったゴミを持っていくリサイクルセンターのゴミの山の中から日本文化の香りのする諸々の物を持ち帰り、又ゴミ拾いの途上で出会った大量の木枠も手に入れ、全部くぎを抜き積み重ねてありました。私が鶏舎を1人で建てた建設力を見抜かれ、あてにされていたのです。

初夏の小野農場。羊子夫人画。日本文化と自然との調和の美を表現したくて。

　そこで私は仕事の合間をぬって、その廃材と建て具を活用して3年かけて館を作り、古い日本文化の品々を収容したのが、猿島野まるごと博物館の拠点「私の宮澤賢治かん」です。

　予定の2年遅れて開場したゴルフ場さんとの関係も良好で、私達の会も反対した

お陰で環境問題に目覚め、先ず手がけたのが炭作りでした。そして、根本的な解決策を求める過程で出会ったのが有用微生物でした。炭は微生物の住処になり、大地、水、大気全てを浄化してくれるのが有用微生物であることを、会では一つずつ検証し解明していきました。自生農場の鶏にもぼかしや飲用、散布で試したところ、それまで少しあった尻突つきがすっかりなくなり、以前から悪臭はありませんでしたが、それもすっかりなくなり、卵も更に上質になりました。

　そして、これは余談かもしれませんが、宮澤賢治の「農民芸術概論綱要」の中に「誰人もみな芸術家たる感受を為せ」という言葉があり、私達は２人とも以前から絵画に憧れがあったものの、私達には遠い世界で不可能と思っていたのが、この賢治の言葉で思い切って絵画クラブに入り、恥もかいて絵も描くことになりました。生活が豊かになった気がして感謝しています。「私の宮澤賢治かん」や会の事務所に自分達の拙い作品をかけて楽しんでいます。

　さて農場の抱える問題も少なくなった頃から国際貢献を実践したく WWOOF（Willing Workers On Organic Farms）に加入しました。この制度はイギリスで始まり、登録した有機農家と、そこでの作業希望者とを取り持つ橋渡し的な役割を担っています。短期・長期の田舎暮らし体験を国内・海外の有機農場で労働と引き換えに食事、宿泊場所を無償で提供し、大自然の中で働き生き方のヒントを見つけることが主な活動です。次女がこの制度を活用してニュージーランドで体験、帰国し、私達の農場でも早速申し込むと国内はもちろん海外からの申し込みも沢山あり、アジア、欧米、オーストラリア、スコットランドなどから来てくれました。これまで受け入れた若者は男女合わせて 20 数名にもなりました。鶏の飼育管理をしながら各国の生活事情がわかりとても貴重な国際交流ができました。その中に、次女の伴侶となる青年もいて、農場の広場で手作りのテーブル、竹のコップ、ウェディングケーキ等で自然の結婚式をあげました。

　平成 12 年に会は NPO 法人の資格を取得しました。そしてそれまでの活動を総括して、２つの事業に集約しました。一つは環境保全事業です。私達が居を構えた旧猿島町は、町長さんもゴミ拾いが好きで環境問題に関心があり、県で最初に「住民参加型」という冠をつけた環境基本計画を作りました。会では「住民参加型」に着目し、有用微生物のぼかしを活用した生ごみ処理法を提案し、町は１年半のモニター期間を経て感想を聞き、ぼかしの無料配布制度を実施。その結果、周辺の自治体の中で可燃ゴミの償却費が最低になり合併直前までその制度は続きました。もう一つ、住民参加で実現したのが、町が会に委託した「米のとぎ汁流さない制度」でした。町では、排水対策に困っており相談を受けた会では、有用微生物による排水浄化実験を官民協働でやり、会がそれ以前から毎月やっていた水質検査で驚異的な数値を得て、モニターさんに毎月有用微生物の活性液を渡し、環境を汚す米のとぎ汁を微生物の餌にした発酵液を作り、様様な生活改善に活用する制度ができました。又、実

験の際、排水を汚す２大犯人のもう一つが合成洗剤と気づき、会考案の安全な有用微生物入りの液体石鹸を製造。そして最後は、放射能軽減や地球温暖化防止に貢献してくれる光合成細菌という微生物による生ゴミの簡便な自家処理法にたどり着き、会として光合成細菌の培養も可能になりました。そしてこれら全てを普及していくことを総称して環境保全事業としました。

　そしてもう一つは、『もったいない　ピース・エコ・ショップ事業』です。このきっかけは、平成６年に農場を手伝っていた妻が、製品外の卵や上質の鶏糞や余剰野菜がもったいなく、又働き甲斐も欲しくて、これらの品を売ってその売上を、子供の命を象徴するユニセフに送ろうと思いついて「ユニセフ・エコ・ショップ」として誕生しました。途中で、世界平和を体現しているペシャワール会の中村哲医師の偉業に感動し支援の主軸をそこに移し、又有用微生物、その活性液、液体石鹸、光合成細菌、有機野菜などをエコと総称して『もったいない　ピース・エコ・ショップ』に変更しました。最初は自生農場内で木の柵に看板を下げてやっていましたが、平成17年頃売上が低迷した時期があり、それまでも余剰有機野菜で心強い協力者であった奉仕会の清水美智子さんから「ゴルフ場さんでやらせてもらえば」という助言があり、妻が思い切って頼んでみたところ快諾してくれ、それからはゴルフ場さんの玄関先でやらせて頂き、売上も上昇し、現在までありがたい共生関係が続いています。これまでの支援総額は、平成30年までで3,658万6千円になりました。私達も世界平和という大きなテーマに日々関与でき、元気、安心、希望、連帯感という生きがいを感じています。これも、様々な人のご理解とご協力の賜物で、感謝感謝です。

　このように私達の会がたどり着いた２大事業『もったいない　ピース・エコ・ショップ事業』と『有用微生物による環境保全事業』は、栗田先生が奉仕会の学生に取り組むようにと残された言葉『国際協力と環境保全』の具体的な誰でも取り組み易い住民参加型で『とりあえず』ではなく、根本的普遍的な一つの形ではないかと思っています。

羊子夫人著「とりあえず症候群のあなたに」。とりあえず症候群の方達に、「とりあえず」ではない生き方を、自作の歌を通してわかってもらえたくてCD本に。

そして更にもう一つ、妻がゴルフ場でやらせて頂いたお陰で大きな副産物がありました。彼女は、お店番をしながら読書や手紙書きなどをして時間を大事に使い、「時は命の燃焼なり」が口癖です。彼女はその時の読書で、1948年、終戦3年後に世界中が物不足で疲弊している時、イギリスにチャリテイーショップが一店でき、現在では一万店以上世界中に広がっていると知り、「もったいない　ピース　エコ　ショップ　を広げる事業」を思い付きました。「念ずれば叶う」の言葉通り、これまでに5号店まで生まれました。この日本人の国民性である「もったいない」をノーベル平和賞を受賞したアフリカのマータイ女史が「もったいないを世界共通語に」と絶賛しました。「もったいないピース・エコショップ」が世界共通語になって「争いのない環境を汚さない社会」の実現に一役買ってくれることを願っています。

　次に明るい話題をもう一つ書かせて頂きます。2年前若いお母さん会員さんが、この農場の自然の中で大地に根ざし、三つ子の魂を失わないような強い子を育てたいという要望があり、自然育児の会「大地っ子」が誕生したことです。月2回親子が集い、鶏とも触れ合いながら自然の中で自由に遊び、昼食をみんなで持ち寄った食材で作り、それは楽しく食べています。こちらも昔ながらの竈を作り薪で煮炊きをする事を基本に手助けをして一緒に楽しんでいます。妻のごみ拾いから平成6年に自然と生まれた部会「四季の会」の人達も、この大地っ子の活動を温かく見守り、いつの日か私達の活動が自然に次世代に受け継がれる事を願っています。

　最後になりましたが、妻がゴルフ場から帰って、2人でお茶を飲んでいる至福の時間にいつも「お父さんの創った自生農場という土台がなければ、『もったいないピース・エコ・ショップ』は存在しなかったし、お父さんの建設力がなかったら宮澤賢治かんや諸々の施設はできなかった。」と言ってくれます。たしかに妻は農業の事には一切携わることなく育ったので結婚当時は戸惑うことばかりのようでしたが、何事にも興味を示して真剣に考え、立ちはだかる困難にもめげず、取り組んでよく働いてくれました。妻がなくてはこの農場の設立には到底たどり着けなかったと思います。二人三脚とはまさしくこの事だと実感しました。

　そして、これまでにご指導くださった先生や先輩諸氏の方々には心からの感謝とお礼を申し上げます。ありがとうございました。そして道半ばで他界された会員の方々にはとても残念でならなかったことと思います。この記念誌で追悼ができればとてもありがたいことと思います。みなさんのご冥福を心からお祈りいたします。

　今日まで私を支え続けてくれた言葉があります。それは「感謝と祈り」でありま

　これからも最期まで座右の銘として、与えられた一度しかない人生を全うしたいと思います。

黎明期の奉仕会
2 第一次韓国派遣隊の記録

※A．V．S海外活動報告書から主要部分をコピーした。
(1) AVS海外活動表紙コピー　Ｂ５版　48ページ

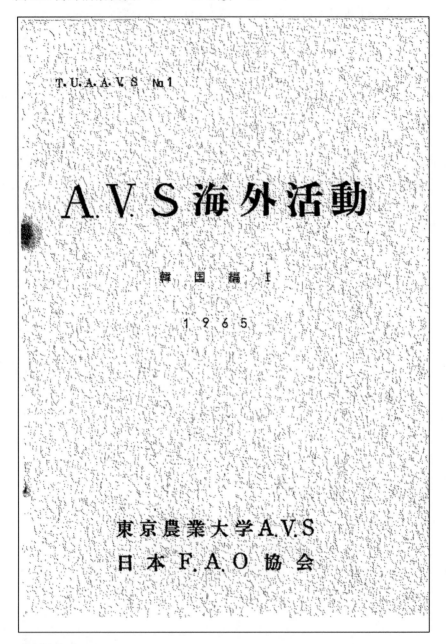

第一次韓国派遣隊の記録。隊長中村啓二郎。T.U.A.A.V.S は Tokyo University of Agriculture Agricultural Volunteer Service　東京農業大学奉仕会の略名

(2)AVS 海外活動趣旨　報告書中の「随筆編」より、中木義宗による趣旨表明。

〔 趣 旨 〕

　私たちは、物も心も豊かで平和な幸福な人生を送りたいものと心の底から願っております。ところが、今の世の中は私たちの願いとはほど遠く人と人、国と国とが競争し、争い、ぶつかり合い、特にアジアにおいては今日も同民同族が銃口を向け合い、血を流し、殺し合う戦争が繰り広げられているという悲しむべき状態です。

　しかしわたくしたちは、これを対岸の火災視したり、日本だけの安定、繁栄を願うつもりはありません。わたくしたちは本当の平和を実現するのは全世界の青年、特に人類としてはじめての原子爆弾の洗礼を浴び、又父や兄たちを戦争に失って、再びこの悲しみをくり返すまいと、世界に誓った日本の青年の使命である事を自覚し、固い決意の元に実践していこうと心しております。

　わたくしたちは、世界平和実現の第一歩は人と人とが本当に心の底から通じ合うところから始まると確信しております。その為には実際に厳しい自然条件の中でたくましく生活している農業従事者の人たちと共に汗を流し生活実践を共にしていくことによってこそ憎悪、差別、偏見がなくなり、友愛、理解が深まっていくものと思います。これこそ心に焼き付けられた真の友情ではないでしょうか。

　いままで、多くの人々が平和を論じ、いろいろな運動を展開してきたにもかかわらず、実を結ばなかったのは、お互いの心のふれ合いが、抽象的な理論にうらづけられた上すべりなものであり、ものの見方、考え方が一方的であり、自己中心的であったからではないでしょうか。

　世界平和、全人類の幸福を願うとき、わたしたちは、お隣の韓国との関係をもう一度しっかりと考える必要があると思います。地域的にはもっとも近くにあり、昔から深い繋がりのある両国の歴史には、真実と思えないことがあまりにも多くありました。わたくしたちはあやまりの原因を取り除き本当の友愛、理解によって堅く結ばれた日韓両国になることを強く望んでいます。それなくしてはアジアの平和はなく、ひいては世界の平和はあり得ないだろうと思うのです。

　このたび、上に申しあげたような考え方に立ち、農村青年、学生たちが韓国の農村を訪れ、約２ヶ月にわたって韓国農村の人々と寝食、作業、話し合いなど生活のいっさいを共にし、医療サービスなども行い、この事を通じて日韓両国民の本当の相互理解、有効、親善を深める上での一役を果たしたいと考えております。

以上

(3) 報告書のはじめに　　日本 F.A.O 協会理事長　東畑四郎

は　じ　め　に

日本 F.A.O.協会理事長　東　畑　四　郎

　今般，日韓 F.A.O.協会で農業研修生交流計画が実現出来，韓国と農業を通して実践活動をし，真の親善が計れる様に相成った事は，誠に喜こびに耐えません。

　第一次派遣隊として，東京農業大学奉仕会々員9名は，大変立派な成果を上げ，実証してくれました事を，心から隊員の皆々様に感謝する次第であります。これは日韓両国の人々が御理解され，我々の目的とする農業技術交流に良く御協力下された賜と深謝申し上げます。

　特に農大奉仕会々員は韓国農村で，各農家に住みこみ，農民と生活の全てを共にして，韓国農村の生活実態を理解して来たのであります。従って韓国に対する農業問題など，身を以って体験し，今後どの様な形で取り組んで行かねばならないか等，真剣に考え，これを以下の報告書によって表現したのであります。

　現在アジアは，激動を極めて居ります中において，隣国の韓国と斯様に親しく，農業交流が出来得ると云う事は，アジアの平和父，窮極においては世界の平和に通ずる事と信じます。

　しかしながら，国交が正常化していない今日，色々な問題を早急に解決する事は，非常に困難でありますが，幸いにも隊員各位におかれましては，韓国の人達と顔見しりになれた為に，今後相互間で，密に連絡を深めて下されゝば，一層の成果が生まれるものと確信致します。

　最後にこの計画に対して御尽力下さいました，韓国 F.A.O.会長，崔　応祥氏，元駐印大使，那須　浩氏，東京農業大学教授　故杉野忠夫氏に深く謝意を表します。

(4)　農大奉仕会海外活動第 1 集によせて

農大奉仕会海外活動
第 1 集によせて
東京農業大学　助教授栗田匡一

　東京農業大学奉仕会は今夏、夏期休暇を利用して、韓国農村へ研修に行って来た。前年、SCI 韓国キャンプに参加した中村啓二郎君が韓国農村の実情に接して、ぜひ、奉仕会を通じて、韓国農業の開発に協力したい、そして、日韓両国の絆とならねばならぬという情熱をかき立てられる結果となった。
　帰国後、同君の熱意は今は亡き、杉野教授を動かし、元駐印大使の那須浩先生の肝煎りで、FAO から研修生として公式に韓国に派遣されるに至ったのである。斯くして、今夏、50 日あまりを、韓国農村で、奉仕会各員は、農家に住み込み、全く農民と生活を同じうして、韓国農村の生活を体験して来た。その真面目、且つ熱心な見聞、調査の結果を奉仕会の海外活動の報告第 1 輯として、まとめることになった。短い期間のことでもあったし、奉仕会諸君の渡韓は農業研修として行ったのであるが、いささか究極の目標が一般とは異なるものがあった。それだけに、この活動報告を、調査報告としてみれば未熟ではある。然し、何を目標にしていたか、又これから彼らが何をなそうとしているか、そしていかなる基盤に立って、各自の生活を推し進めようとしているかは、この活動報告書の中から容易に読みとれるし、あふれるような情熱も汲みとれる。
　世の多くの、比種、奉仕会と名付けるものの活動は、とかく観念の遊戯に沈論しがちであり、行為もまた、お涙頂戴的なものが多い。そのような遊戯的な性格は農大奉仕会には全く認められない。むしろ、カトリックの修道僧に一脈相通ずるものを有している。
　急転、沸騰する世界情勢の中に生きる現状青年が方向を見失って、刹那主義或いは人間を放棄した享楽、動物主義に陥る。この様な中で、方向の発見という最も困難な苦痛に満ちた峠を越える努力を払おうとするものは極めてまれである。然し、現代に生きる青年の最大の目標は、最高の意義は、この道を歩くことではなかろうか。
　狂騒の、無意味なるデモに街頭に踊る青年はおびただしい。然し、彼らのすべてがデモの彼方に何を為すべきかを知って行動しているものが、果たして幾人いるのだろう。先般天下を騒がした日韓問題に対する反対デモに参加した学生、青年が、条約拒否を呼んだとしても、その成功の後に、彼らが進むべき道、

為すべき事の如何を問うた時、青年の殆ど全てが、なんの具合的意見も有していなかった事実がある。このような事実が、現代の世相の実態であり、私が無意味なる狂騒と断ずる所以でもある。然しながら、大衆がこの様な、狂騒を演ずるのは、無意識の中に不安、不満を肌に感じているからでもある。よって、この様な、社会現象は、恐るべき時代の到来を意味するものである。

　農大奉仕会の会員が狂騰するこの坩堝の中に立って、自分たちの採るべき道、為すべき事を見失う事なく、黙々として厳粛に生活を規範して行った事は美事であった。この様に、奉仕会員を導いたものは、彼等が、韓国農村で農民と生活を共にした、体験であり、日韓両国の間に何が最も必要であるか。そして何を以て、韓国農民に望むべきかを明確に把握して来た為である。

　思想を論じ、政治を批判する者の全てと云ってよい程、多くの人の犯す誤りは、思想に支配され、政治の下に生きる大衆の生活を身を持って考えようとしないことである。この誤りは、大衆を眼下に見下すか、せいぜい対岸視する不遜或いは、冷酷な己の態度に、気のつかぬ為か、或いは、大衆すらも、一つの戦術の具に供して、顧みぬ冷血無惨な非人間的野望を有するかのいずれかによる。この様な似而非比なる者は、飢えた民衆を脚下に踏みつけて、思想を強弁し、強行の政治を謳歌する。民衆悲愁の上に何の思想、何の政治があろう。

　奉仕会が韓国で経験した処は、私がネパールで見た処と軌を一つにする。調査に名を借りた旅行者ではなく、民衆の生活を直視して、彼らが何を欲し、何を求めているかを、身を持って理解した者は、正しい道の発見の発見に到達する。奉仕会は、韓国の民衆が、農民が何を日本に期待しているかを十分理解してきた。そして、その期待に添うことが、日韓両国の真の融和への唯一の道である事を知っている。そしてさらに日韓融和の道の開拓者として、自ら生きようとしている。然しこの道は険しい。その道の険しさに、その道を歩き抜くために、自ら省みて今渾身の努力を振り絞って、力の養成、自己練磨へ進もうとしている。農民の中に入ろうとする者が、農業を知らずして、何を説こうと、それは、一片の空念仏にすぎない。困窮に喘ぐ農民大衆には、先ず、共に生きる方法、土の上に生き得る方法を、相共に営む生活の中から説いてこそ、農民は素直に喜んで、耳を傾ける。真実の信頼は、そこから出発し、信頼は一切を解決する。人間が何の隔たりもなく、素直に人を受け入れるのは、その人が裸の人である場合である。一個の赤裸々な人間として、国境を越え、民族を越え、政治を越え、思想を越えて相対すると

これを拒む人間があるだろうか。群盲象評の一人よがりの独断を押しつけようとするから、争いが起こり、反日が生じる。奉仕会が韓国の農村で、ソウル大学で、ソウルの街で、お互いに、ふれ合った韓国人は今、両国の政治の表面に現れているのとは全く対蹠的な親しさのあふれたものであった。

　国を異にしていても、民衆と民衆のふれ合いが斯くも親しさのある所に、何故に、争いが生じなければならぬのか。ここに大きな歪みがある。相触れ合う民衆は、親和し得るのに、日韓両国間ではむしろ、その親和を破壊する方向に導くが如き行動を国も国民も、狂騒的に演じている。この様な誤った行き方は、可及的速やかに、是正されねば、結果は両国の悲劇的以外の何ものでもないのである。

　奉仕会は、この事を痛切に感得して来た。そして、会員は口を揃えて云う。「日韓両国の人々が、青年達が、もっと素直にお互いに理解し合ったら、生活を知り合い、協力し合ったら、こんな嫌な事は起こりえないのだ。その為には、韓国の民衆の生活向上に協力する青年が、身を挺して、日本から行かねばならない。韓国の基盤である農村、困窮に喘ぐ人々の為に、韓国農業開発に協力するために、私は韓国に行く」と。

　私は、奉仕会の正しい、そして力強いこの人間としての前進が、将来やってくるであろう処の幾多の困難を乗り越えて、美事な実を結ぶことを祈って已まない。

1965. 11. 21 稿

韓国ワークキャンプ
前列左から。岡本寛太、山口克升、沼倉公昭、中村啓二郎、地曳隆紀、中西昭二、田中義登、小野賢二、中木義宗、鹿島宏(SCI)、戸塚正幸(探検部)

黎明期の奉仕会

3 農大奉仕会と私

地曳隆紀（昭和42年拓卒）

いく子（昭和44年栄卒、旧姓:大塚）

国交正常化以前の韓国でのワークキャンプ参加をきっかけに韓国をなんとかしなくてはと希望村に国際奉仕農場(IVF)を設置。1974年末に閉鎖するまで養蚕・養鶏・養豚の普及を通し、生涯の感激となる本当のふれあいを実践。IVFは奉仕会海外ワークキャンプの場でもあった。帰国後はJICA職員としてタイ、アフガニスタン等で活動。今も農業開発コンサルタント。

農大に入学して間もなくの頃、ある授業の前にワークキャンプ研究会の説明と言う先輩の方々がどかどかとやって来た。あまり格好良くもなく話も面白かった訳でも無かったが5月のある日、目が覚めると気にかかっていたうろ覚えのワークキャンプ地の養老院に向かった。何とか辿り着くと迎えてくれた先輩の方々と共に汗を流し1日を終えた。なんともいえぬすがすがしさが残り、その後ワークキャンプ研究会活動を継続する事になった。

ワークキャンプ研究会は「社会開発をする者は頭、机上の空論では駄目だ。先ず労働して、汗を流して社会建設を考える事によって初めて健全な社会建設ができる」というものだった。あまりピンと来なかったが次のワークキャンプにも参加した。茨城県猿島郡の知的障害者施設慈光学園でのキャンプが多かった。昼は汗を流し夜はミーテイング。愛とは何かなどを真剣に話し合ったものである。そこで生まれたのがワークキャンプ研究会の名称を改め「東京農業大学奉仕会」である。農大奉仕会を名乗った矢先、韓国のワークキャンプ会からソウル近郊でのワークキャンプ開催の案内が届いた。行くことになった。当時、韓国は国交正常化以前であったことから渡航手続きだけでも大変だった。外貨持ち出しにも制限があり、銀行に申請し認可を受ける時代だった。初めて手にしたパスポートの表紙は牛皮製だった。その一番最後のページに85ドルと記してあり銀行印が押してある。

初めての外国。韓国。釜山に着いた。1964年7月27日である。そこで見た釜山は想像していた韓国ではなくそのショックが私のその後の人生を変える事になった。とにかく貧しい。人、人、人、駅にも道にも人人人。宿の無い人が駅で夜を過ごすのだという。釜山から夜行列車でソウルに着いた。ソウル駅も身動きできぬほどの人だった。戒厳令下という事で物々しい警護を受け、急ぎバスに乗りソサのワークキャンプ地に着いた。そこには100人ぐらいの世界各国の人が居て私たちを歓迎してくれた。

以来、大学在学中5回韓国に行った。とにかく、あの貧しい韓国を何とかしなければならないと思い込んでしまったのである。卒業を控えて『韓国農村開発計画書』なるものを作った。それを中村先輩に見てもらうと「地曳、これはいい。すぐやろ

う」ということになり韓国に行くことになった。出発の日、東京駅で中村先輩を待っていると来られた先輩は「地曳、俺はブラックリストに載っているらしくビザが下りなかった。お前1人で行ってこい」と言われた。夜行列車が発車間際だったこともあり1人韓国に行くことになってしまった。関釜連絡船韓水丸での渡韓だった。1966年12月23日の事である。とにかく寒かった。ソウルの気温はマイナス15度。その挙句駅から知人宅に行く間にスリにあい無一文になってしまった。その知人とはその後も大変お世話になる“ソウルのオモニ”である。ソウルのオモニは毎日「今日はどこへ行く？」と聞いてくれてその日必要な交通費を下さった。韓国ワークキャンプ会の人と「農村開発の実践場所を求めて」いろいろなところへ行ったが成果は上がらなかった。「明日、日本に帰ります」と告げるとソウルのオモニは何も聞かず釜山までの旅費をくれた。釜山への途中に、以前ワークキャンプをしたことがある『希望村』がある。まさしくそこが最後の希望だった。希望村の村長は私たちの計画を知るや、即座に賛同してくれ計画の受入を約束してくれた。

　帰国後農大奉仕会の皆で何度も話し合いをし、IVF 国際奉仕農場計画実行のために韓国に行って活動する人を決めた。長期ボランティア第1号は私と1年休学して行く難波君に決まった。笹子君、鈴木君、千葉君などが卒業したら行くメンバーに手を挙げた。国内支援として戸松君を中心に会社回りと称して企業に賛助を求める活動も活発に行われた。マツダ自動車から賛助を得てトラックを送ってくれ、希望村の物資の運搬のみならず村民との交流、慶州までの交通機関として大活躍だった。

　ここに、当時継続的に支援して下さった社団法人日韓親和会の会報に記された、『希望村開拓を励ます会　……報告……』があるので紹介したい。

　（1969年2月とあるから、丁度50年前、24歳の事である）

地曳・鈴木両氏らはすでに韓国に渡った。今頃は希望村（慶州から南に6キロ）の硬い土に渾身の力をふるって率先奉仕の鍬を黙々と打ち込んでいるだろう。この2人を励ますため、去る2月15日韓国広報館のギャラリーを拝借して歓送会が本会主催のもとにおこなわれた。まず地曳氏の手記からご紹介する。

　東京農業大学、韓国に於ける活動
　私達、東京農業大学奉仕会は、所謂大学の1サークルにすぎませんが、現在の青年運動に多々見られる破壊的なものではなく、純粋建設精神を基盤とし、自己確立を目的に援農、救援キャンプ等を国内、農村、社会福祉施設等に於いて地道に続けてきました。1962年その建設性が認められてか、国際市民奉仕団(SCI)より韓国での国際ワークキャンプに2名推薦派遣されました。当時は日韓正常化の道も遠く、反日感情の強い韓国で「我々は青年である、過去がどうあろうとこれからの世界は我々が創らねばならない」という信念のもとに2か月韓国青年多数

と干拓工事に黙々と汗を流しました。これが発端となり、その時日韓青年交流の重要性を体得した会員の推進によって、それ以来、日本に韓国青年を毎年招き建設かつ交流活動をする一方、韓国にも毎年10名前後派遣し、援農、福祉施設への労働奉仕活動を続けてきたのです。

　韓国での活動経験者が40名を超えたころ（1967年）、その者等を中心に対韓活動の重要性が益々認識され、活発かつ真剣な討議を行った結果、日韓の青年とその地域の農民とが三者一体となってその地域をモデル農村化し、農民の福祉向上に一役を果たしたいと、国際奉仕農場計画が立案されました。しかし、それまでの活動ですら、アルバイトを全ての財源としていた為、期日までに6,000円を準備することが出来ずに渡韓を中止せねばならぬ者が出るような状態でありましたので、その時立案された計画は不可能にさえ思えましたし、反対意見もありました。しかしそれでも「日韓関係において、また韓国の農村に於いてはこのような計画でなければならぬ」とか「我々青年がやらねば‥‥」などの意見が大勢を占め、実行に移すことになりました。が、韓国に対しまして、無理解な人や、無関心の多かっただけに、その計画、実行は極めて困難でした。しかし有難くも、日本触媒化学（株）の八谷社長を始めとして、久保田鉄工（株）、日韓親和会、東京農業大学栗田教授の協助、御指導を得、それにプラス学生のアルバイト等によって1967年9月、2名（学生1、OB1）の長期奉仕者派遣にこぎつけたのです。当時はすでに日韓正常化がなされておりましたが、まだまだ日本に対し、複雑な感情をもつ現地では、当初は、期待と警戒をミックスしたような態度で迎えられました。しかし寝・食・労の全てを現地の人々と共にしたことが理解の度を早め、多くの人々が、私達の行為を大変好意的に受け取って下さるようになりました。勿論、懐疑や警戒をまだ持っておられる方が居るようですが、その反面、理解して下さる方々からは期待が益々強くなり、張り合いも増したと同時に、果たして、その期待に副うことが出来るかという不安も増してまいりました。

　私たちはそれらの人々を裏切ることは出来ません。農道造りの時など、村の人々100名もが一緒にして下さったし、ソウルや釜山等、遠くから学生が応援や激励に来て下さった。また日本からも、病気だけはせぬようにと薬品や手紙を
下さいました。

　これは私達にとって実に感激と感謝の毎日でありました。農場予定地が河川敷地の為、農場化するにも大工事なのですが、韓国の学生が80名20日間も泊まり込みでやってくれましたし、軍隊までが応援にきてくれ、なんとか目鼻がついて来ました。しかし68年度計画においては、いわば資金のかからない部分

部門では、我々青年の手ではどうすることも出来ず、見送らざるを得ませんでした。それはさしおき地域の農村の人に限らず、地方の有力者の方々も理解を深めて下さり、慶尚北道知事から感謝状を頂いたほか、今年度は郡庁から補助金を下さるとの事で、これほど嬉しいことはないのですが、その補助金を受ける為には、完成させるだけの資金的見通しが立つまでは、躊躇せざるを得ません。

　日本大使館に於いても、金山大使、上川公使、森総領事の皆様がこの活動の重要性をお認め下さり、数々の激励や支援をして下さるのですが、実際事務上、政府で支援することは困難とのお言葉です。昨年、明治100年を迎えて「日本国民は世界の福祉に貢献すべし」と日本国民の将来の方向を示されたにもかかわらず、その道はいまだ狭く、厳しく、実際に歩んで行こうとする者のみが苦難を受けねばならぬことを知らされました。勿論、私達は青年ですから、私達に与えられた使命、その道を正しく、広く創っていかねばならぬことは、決して忘れる者ではありません。しかも青年もしくは実践者には限界が見えております。とはいえ、たとえそれがいかに小さなものでも寄せ集め、一人一人が背負っていくならばと、現在も日本触媒化学（株）及び久保田鉄工より賛助して頂いた小型トラックを現地に送るべく、現地までの送料を捻出すべく授業の合い間に集団バイトをして作り出しているほか、現地では長期奉仕者として地道に活動を続けることに歯を喰いしばり、また私達も韓国の農村に行って、と多数の青年が情熱をもやし自己形成に励んでおります。

　そしてまた、これら皆様から受けたご好意や、そして我々の努力が、将来に於いても、私物化されることなく、かつ活動が純粋に継続していくようにとの韓国保健社会部長官の御意見により、農村振興庁の御協力も加わり、昨年末には韓国政府より社団法人の認可も頂きました。

　「青年の皆さん、自己の表現法は、種々あると思います。たしかにゲバ棒を持ちデモをすることも表現法の一つかも知れません。しかしもっと別の方法もあるのではないでしょうか。青年のあり方として誰もが好ましく見守って下さり。かつ大きな社会、世界を建設してゆく方法が！」

　といって私達がそれをしているなどという大それた考えは微塵もありません。ただ私達のような小さなこの活動でも、いつかは繁栄のある次の世界を建設する何千万分の一の構成になるであろうことを信じているのです。小さなランプの下で365日麦飯とキムチだけという生活にも、その日その日、すがすがしい充実した日があること、現地の人々と喜怒哀楽を共にする大きな感激、そして深く知る自己の存在感。

　一人でも多くの青年にこのことを知って頂きたく思います。一方、現在に於いて重要な地位、役割を果たしておられる方々には、このような方向に一人でも多

くの青年が進めるよう、その大きな御助力を頂きたく切に切にお願いします。確固たる目的を持っての生活には、たとえ毎日が粗食を食み、寝袋にもぐっていても、不平不満は無く、日々充実した生活のある事を体験した私は、強く強く訴えたく思うのです。

　国際奉仕農場に於いてある日、そこの村の一人が走って私のところに来ました。息を切りながら「地曳さん、この養蚕で得た収入は今までの農作物の10年分です。私は生まれて初めてこれだけのお金を手にしました」と、2万3千円をにぎりしめ、涙さえ見せておりました。私は、その時、思わず、「良かったですね」とその人の手をにぎり、自己の存在感をかみしめ、その人と感激を共にしました。あの感激は私の生涯に於いて忘れることは出来ません。また私は、あのような本当の触れ合いこそ、日韓を真の正常化、相互の繁栄へと結びつける筈なのだということを信じてやみません。たとえそれが小さな灯にすぎなくとも。

東京農業大学奉仕会 OB　地曳隆紀

この後も国際奉仕農場での活動は継続され地曳、笹子、千葉、鈴木（平山）が現地に勢揃いした時期もあった。運営は並大抵の事では無かったが、1970年6月11日、朴正煕大統領より国際奉仕農場建設に必要な残金354万ウオン（約1000万円相当）が下賜され養蚕、養鶏、養豚の施設が建設された。地曳は養蚕を担当し共同稚蚕飼育や回転族使用、温度管理の徹底による増産・品質向上に努めた。鈴木君は養鶏を担当しケージ飼育1,500羽をモデル化した。千葉君は養豚を担当し飼育豚の品質改良に努めた。

1971年12月、日本大使館から地曳を海外技術協力事業団（OTCA）の養蚕専門家として派遣するとの知らせを受けた。それ以来、日韓青年約10名が3年間OTCAからの地曳の派遣手当で活動できたが1974年12月、国際奉仕農場を完全に韓国の方々に移管し帰国した。IVF開始以来8年、希望村の農家所得は10倍になっていた。希望村が養鶏団地化し25,000羽、自前の4トントラックでソウルまで出荷するようになっていた。地曳と千葉君の帰国に際し大勢の方々がお別れ会をしてくれた。その式の最中、希望村のある村人が一通の手紙をくれた。その方は私達の活動に当初から批判的な方だったので手紙を受け取る時緊張した記憶がある。流暢な日本語での手紙なのでここに紹介したい。

餞 別 の 辞

「別れの言葉」

　韓国のライ（ハンセン氏病）患者に対して救護を施した外国人は随分色々有った。そして其の外国人等は大概宣教を目的にした交換条件であると同時に彼等は等しく施恵者として上位にあり患者達はいつも従属的な立場であったことはいうまでもない。然し乍ら貴方がた（IVF）は全く平等な立場で何らの条件もなく、黙々として私らの日常生活の各方面に於いて奉仕してくれたのです。貴方がたは私達の家族の様に数年間ご苦労して下さったのです。
あらゆる外国人と異なる点はこの点であるのです。これは友情的であり人道主義に基づく美しき現代的な奉仕態度であったことを強調したいです。
　貴方がたが必ずしも大なる物質をもたらした訳ではないが、「其の不朽なる精神は未曾有の比類なき独特なものでありました。不屈の其の闘志と良心に基づく責任感等をつくづく感じてやみません。思えば地曳さん、貴方は筆舌では表現しがたい苦労をしたのであります。あの宣永晩氏の片隅の薄暗い部屋で口に合わない食事をしながら苦境極まる其の日々を過ごしたことでしょう。それは希望村の方で貴方がたに対して何も誠意無かった訳でもなければ関心がなかったからではなかったのです。この韓国の風俗と貧しき希望村の環境がそうしたのです。どうぞその点ご如心下さいませ。又千葉さんにしてもその苦労どんなにしたことでしょう。いちいち取り上げれば枚挙に暇がありません。
　貴方がたは去っても、石ころだらけだった川原が立派に変わった桑畑は其の儘残って居るではないですか。又、貴方がたが去っても多くの畜舎等家屋等は皆残っているではないですか。
　貴方がたの厚い功績と情は私等の胸や脳裏にありありと永遠に消え去らないでしょう。IVFはいつか無くなるとしても、貴方がたが残した功績と志は韓国の社会にそして希望村に言い伝えられることでしょう。IVFが発足して以来既に去った難波さん、鈴木さんそして笹子さん等に私のこの感謝の意をお伝え下さい。

又お別れに際して是非とも忘れられない事はあの地曳さんの奥さんの印象深い親切さです。IVF の今日の成果の陰に奥さんの内助の力は欠くこが出来ません。やさしくおもんばかりの深い奥さんの情こそ希望村の慈母とでも云いたいのです。いざこれが永遠の別れになるんではないかと思うと実に寂しさのいたりです。

　最後に貴方がたがここを去って地球のどこかに居ましょうと、その「志」に永遠夢想の栄光ある事をお祈りして止みません。そしてその「志」の母体とも云うべき東京農大の栄光も共に祈って止まない次第であります。

　　　　　　　　　　　　　1974 年 11 月 30 日
　　　　　　　　　　　　　韓国慶尚北道月城郡川北面北軍里　希望村
　　　　　　　　　　　　　魯在守

　1974 年 12 月帰国した私は海外技術協力事業団（OTCA）の技術嘱託、中途採用試験を経て職員となった。OTCA は国際協力事業団（JICA）と名称を変え、その名の通り途上国の発展に寄与することだけを専門に行う団体である。初めての配属先が社会開発調査部であった為、後に漢江の奇跡と言われる多くの韓国のインフラ整備に関わることが出来た。タイ事務所ではカンボジアからの難民対策に邁進した。ベトナムでも経済インフラ整備開発。インドのグジャラート地震では調査しながら学校、病院を建設するという新方式にて、あのインドにも感謝された。これも SCI（ワークキャンプ）の流れだった。9.11、貿易センタービルの崩壊を CNN で見た私は、アフガニスタン行きを志望し、3 年間戦後復興事業を懸命に行った。まさしくアフガンは SCI の戦後復興だった。退職後の今も途上国開発農業開発コンサルタント会社の顧問として関わっている。実に 55 年前、ワークキャンプ研究会（農大奉仕会）に参加した事が途上国支援（健全なる社会開発）という素晴らしい人生を私に下さった。感謝、感謝である。

奉仕会は夏休みを利用して国際奉仕農場に派遣隊を送り、ワークキャンプを行った。
（第9次韓国派遣隊。1973年）

近隣農村「希望村」へ援農活動を行なった際の写真。
右端の道路標識には「北軍2里」と記されている。

希望村でのワーク、援農活動の模様。(第9次韓国派遣隊)。桑畑への堆肥等を投入している所と思われる。

黎明期の奉仕会

4 師の言葉で、
インドのライ病コロニーから始まった国際奉仕活動

沼倉公昭（昭和 41 年拓卒）

「ブラジルへ行く前に、ちょっとインドで仕事をしてみないか？」の師の言葉でインドのライ
病コロニーでの奉仕活動に従事。アジアを巡りスイスに居住。「今でもブラジルを夢見る。おか
しいですね」と、心にしみる半生記。小野賢二に届いた手紙を筆者の承認を得て掲載。

　　農大出てから十余年
　　今じゃ満州の大馬賊、、、、、

などと唄をうたっては、何かの夢を見つめていた事は確かでした。ブラジルに夢を
抱き、その為の準備をしていた事も事実です。在学 3 年の時、杉野先生、栗田先生か
ら「ブラジルに行く前にインドで少し仕事をしてみないか？」と相談され（詳細は
一切なしで）、「はい」なんて返事をしてしまったのがきっかけでインドに出る事に
なりました。

　卒業後、加藤完治先生（満蒙開拓創始者）の国民高等学校（現在の日本農業実践学
園。茨城県水戸市内原町）で精神訓練、柔剣道をみっちりたたき込まれ、その合間に
友部の農林省の研修で近代農業実習を勉強させて貰い、又自分自身で、そして SCI の
友人を通じてライ病についての知識も詰め込みました。

　1 年間の長期ボランティアでという事だったけれど、少なくとも最低 3 年はいる
つもりでした．勿論、両親には 1 年の約束で帰国し家系を守る（長男の立場）なんて
言って出ましたが、栗田先生の言うように「1 年目は何もするな。現地の言葉、習慣
を少しずつマスターしてから、2 年目から何か始めろ」と言われたけれど、とても
とても、そんな気持ちの余裕など全く持てなかった位、何から何まで新しい事、わ
からない事、奇妙な事、度肝を抜かれるような事ばかりで、ライ病コロニー（ハティ
バ）に入ってから 1 週間経つかたたないうちに裸、裸足（これも禁止条件の一つだ
ったけれど）で農地の観察、仕事の種類、そしてその分担と配分、何の作物が栽培可
能か否か、近隣の農村を見て回って、話を聞いたり、患者の治療、洗浄（うじ虫取
り）、腐って乾燥した骨肉の切断、投薬、包帯交換、etc, etc, で半年、1 年は瞬く間
に過ぎました。

　自分の食事を作るひまもなく、患者の中の数人で料理する人がいたので、数ヶ月
は朝昼晩と『モーレツ』付きカレー、唐辛子とコリアンダー、クミン、クークマ（根
茎の植物、しょうがの種類、カレーの黄色の色はこの根から）を食わされ、辛いもの
に対する免疫が出来ました。40 年以上たった今でもインドカレーを作っては食事し
ます。勿論、肉・魚・野菜によって何種類もある香辛料を使い分けて潰し、ペースト
状にしてたくさんの人達に喜ばれるカレーを作ります。でも時々日本のカレールー

を作ってする事も有ります。日本を出る前に親戚の薬局からたくさんの薬を貰い受け、現地では素晴らしい効果を見せました。農作物の種子も２〜３年分を見通していたので、とても役立ちました。

　電気もなく、水は井戸水、又は溜池に依存、農薬なし、化学肥料皆無、農機具は木製、鋤、水牛、インドコブ牛、シャベル、クワ、鎌、鉋、etc,etc。僕のいた３年数ヶ月（インド滞在：ハティバのコロニーで２年 10 ヶ月）で野生の象に患者が２人も殺されたり、熊に襲われ深手を負った患者、サソリに刺され（悪い箇所を刺され）瀕死状態になった患者、色々な手当の甲斐無く衰弱して死んでいく患者、寝ている間にネズミに腕や足の肉を食べられて（ライ病は末端神経が冒され、それが徐々に体内に広がっていく）ケロッとした顔で次の日に治療を頼みに来る患者等で、まあとにかく、このコロニーにいた（３年近く）間は本当に瞬く間に過ぎていきました。

　このコロニーから２度家出してネパールの農大試験農場（ナラヤニ川、パトナの近郊）に来て、ネパール政府との関係も深かった島田先輩のところを訪ねた事が有りました。家出の理由はハティバのコロニーに派遣されていたライ専門医とのいざこざ（典型的なインド官僚主義者、高慢なブラーマン、ライ病を忌み嫌い、犬ころ同然に患者に接する人。僕のもっている薬を使っては 50km くらい離れた街〈彼の屋敷が有るサンバルプールという街〉でプライベートクリニックを開設していた）に耐えきれず、ニューデリーの SCI 本部からの交信も途絶えがちで、デリーとの交信は２ヶ月は簡単にかかる時代でした。

　僕にとって３年数ヶ月の滞在は、とてもとても豊富な経験をもたらしてくれました。にごり水を飲み、ヘビを食べ、野生の果物を採ってドブロクを作ったり、砂糖キビからの黒砂糖の製造、山の中から採ってくる岩塩の使用、無農薬の作物、仕事終わったあとの楽しみは自分の好きな様に香辛料を潰し、ペーストにして美味しいカレーを作る事、ギターを爪弾いて古賀メロディーを歌ったり、足腰の丈夫な患者、歌や踊りの好きな患者、片言の英語を話す患者、元気はつらつな子供の患者、楽器を奏でる患者達（勿論他の患者も来られる人は受け入れ大歓迎）を集めて焚火を囲んで唄ったり、隣の村から買ってきた牛乳を豊富に使ったインドチャイを飲み、ガンジャ（編集注：インドで慣習的に使用される大麻。別名ハシシ）を吸ったり、ローカルフォークソングを唄ったり、本当に自然そのまま、そして健康体そのものでした。

　インドを出てパキスタン、アフガニスタン、イラン、トルコ、ブルガリア、ユーゴスラビア、イタリヤ等を徒歩、ヒッチハイク、馬車、ローカルバス、列車を使ってスイスに入り 44 年目。ハティバコロニーに来たスイス人看護婦さん（矢張り SCI スイスのメンバーで長期ボランティア）と結婚、家族を構成（1974 年）。スイスに居住する等、夢にも思っていなかったのに人生の分かれ道って本当に解らないものです。

　ここスイスで地域社会の種々な活動に参加し、受け入れられ、親しまれ、日本料

理教室、折り紙教室（共に29年間）、日本人合唱団「瑞の会」（You Tube で「瑞の会 スイス」で検索するとイベントでの映像を見る事が出来ます）を作り今年で12年目、チューリッヒ、ベルン、ジュネーブ、又シャテル、そしていろいろな催しものへの招待公演をして来ています。自然愛好会での活動でも忙しくしています。

　ここに来てから農業関係の仕事につけず、義兄の斡旋で時計技術の夜間専門学校に通い、修理工の資格を取り時計業に携わり、1980年代の初期の再不況期に会社をやめ、州立心身障害者センターに就職し、小さなアトリエで10〜15人程の心身障害者を相手に歯車作動の縮尺計の組立、分解、修理、調整などを指導しながら退職しました。センター自体は160人近くの障害者、心身、アル中、麻薬患者、犯罪者、鬱病、etc,etc を15部門位の色々なアトリエに適材適所な活動を見つけ出し、作業を通じてのリハビリをさせる（とても難しい問題だけれど）センターです。

　このような人生の長旅の中で今だにブラジルの夢を見ます
　おかしいですね。

写真を見て朧げながら小野君の事を想い出しました。又、他のメンバーの事も。
中村啓二郎、中西昭二、竹村征夫、地曳君等、顔を合わせる事ありますか？
次の機会に日本に帰ったら、そして時間がとれるようだったら会ってみたいと思います。

　　　　　　　　　　　　　　　　　　　　　　　　乱筆乱文にて失礼します。
　　　　　　　　　　　　　　　　　　　　　　　　　　　　　沼倉公昭

学内の横井時敬先生胸像の前で奉仕会一期生たち

後列左から
大竹道茂（立っている）
沼倉公昭
磯部由起子

前列左から
小野賢二
中村啓二郎
中木義宗

黎明期の奉仕会
5 感動した懇親会での「会歌の合唱」

大竹道茂（昭和41年拓卒）

会歌の作詞者と判明。1965年韓国での国際ワークキャンプにも参加。JA東京中央会在職中に大韓民国農協中央会との交流を果たした。ライフワークとして「江戸東京・伝統野菜研究会」を結成。農大、都立農業高校を通しての活動過程で51年卒業の後藤哲氏と奇跡的に邂逅。農業高校での普及が広まる。活動内容をブログ「江戸東京野菜通信」で広報中。

　2018年の夏前だったか、茨城の小野賢二さんから電話をもらった。10月に奉仕会のOB会をやるからと云うもので、世話人としての電話だった。小野さんとは卒業後も養鶏の話しや伝統野菜の話で情報交換をしていて、何度か茨城のファーム小野にも伺っている。退職後は、東京の伝統野菜の復活普及に残りの人生をかけていて、ブログ「江戸東京野菜通信」で情報を日々発信している。

奉仕会主催栗田先生33回忌の懇親会で会歌をうたう。
　右から地曳隆紀、竹村征夫、大竹道茂、小野賢二、中木義宗、後藤國夫。

　2018年10月13日、柏駅前の日本料理「千仙」での懇親会は、世話人代表の小原正敏さんの挨拶で始まり、松浦良蔵さんの絶妙な司会進行で、我々昭和41年卒業の拓七郎（当時先輩たちから愛称で呼ばれていた）のメンバーにもお気遣いをいただき、皆さんのお陰で、私にとっても意義深い懇親会となった。それは、会食をしながら銘々が思い出話を語り合っていたが、懇親会の最後に、松浦さんから「校歌と、ワークキャンプの最後にみんなで歌う会歌を歌おう」となった。その時、小野さんが「あれは大竹が作詞作曲をしたんだ！」と話したものだから、「誰が作った歌なのか知らなかった。」ということで、皆さん驚かれていた。結局、松浦さんに指名されてリー

ドをすることになったが、奉仕会OB全員がワークキャンプを思い出しながら歌った。これまで、何度かOB会に出席したが、会歌を歌うことはなかったから、我々の時代だけ、歌っていたのだと思っていたが、全員が歌ったのには、感動した。

　　大地に挑む若人は　英知と愛に燃ゆる者
　　額の汗をぬぐうなる　かぐろきかいな　太き指
　　大地に挑む　若人は

●奉仕会と熱帯園芸研究室

　東京農大の農業拓殖学科7期として、1962年(昭和37年)に入学した。当時、室内装飾として熱帯植物を使うインドアガーデンが導入され始めた頃で、熱帯植物の栽培と活用がしたいと思っていて熱帯園芸研究室(大谷希六教授)にお世話になった。ブラジルに行く夢を持った友人たちとは、まったく違っていたから、彼らの夢の大きさに驚きもしていた。1963年8月には 沖縄のパイナップル栽培の実習として宮古・石垣に出掛けたが、沖縄から戻ってきたときに、中木義宗君と磯部由紀子さんから、奉仕会に入らないかと誘われた。

　当時の説明では、サービス・シビル・インターナショナルジャパン(SCI)の活動に参加していた、一年先輩の中村啓二朗さんと佐野英紀さんが農大らしい「会」として作ったものだと聞いていた。その頃は経堂の中村さんの下宿に、中木義宗君、沼倉公昭君、中西昭二君、磯部由紀子さんなどと集まっては、色々と話し合っていたが、ワークキャンプなどで、みんなで歌える会の歌をつくろうとなったのもこの頃で、発案したのは.中木君だった。奉仕会賛歌のようなものもあったが私の詩が選ばれ、曲は磯部さんが高校の同級生にお願いした。

　1964年1月 中村さんの故郷石川県にある施設「佛子園」(当時松任町)で冬期ワークキヤンプが行われた。施設に子ども達が遊べる砂場をつくることになり、海岸まで往

1964年1月4日から石川県松任にある佛子園でのワークキャンプでは園庭に砂場をつくることになり、園児と共にリヤカーを引いて往復5キロの道を4往復して砂を運んだ。

復5キロの道程を子供たちとリヤカーを引いて4往復、砂を取ってきて砂場は完成した。
　3月からは茨城県猿島にある万蔵院・慈光学園でのワークキャンプが始まり、6月には世田谷の愛隣会の保育園でも花壇作りを行った。1965年には立川の至誠老人ホームもステージに加わった。

世田谷の愛隣会保育園の花壇の構築で。つるはしを振るう大竹

1964年は東京オリンピック熱に沸いていた。
　この年は東京オリンピックに関われたことが思い出される。ボランティアグループのSCI-JAPANが東京オリンピックに参加する選手を支援をするので、車の運転が出来る者はいないかと相談があった。当時は、16歳で免許がとれたので高校2年で免許を持っていた。そこで急遽、SCI-JAPANとして台湾の射撃の選手の送迎をすることになり、我々は千駄ヶ谷の民家に寝泊まりして支援した。代々木の選手村にTOKYO1964 日の丸と五輪マークのエンブレムをボディーに貼った車で迎えに行き、ライフルの選手は朝霞の自衛隊駐屯地へ、クレー射撃の選手は所沢の郊外に出来た射撃場に送迎をした。当時、高度経済成長期の真っただ中だった東京は、オリンピック景気に沸き、前年まではあちらこちらで道路工事や建設工事が行われていたが完成していた。自宅のあった練馬も畑がたくさんあったが、その中を4車線の広いオリンピック道路が建設されたので、渋滞することなく選手を安全に送迎出来た。有名な選手では、1960年ローマオリンピックの銀メダリストで、東洋の鉄人と云われた10種競技の楊伝広選手（台湾）が家電製品を買いたいと云うので秋葉原に案内したこともあった。したがって、射撃競技は見ることが出来たが、それ以外の競技は見ることが出来ず、テレビや新聞で結果を知るような状況だった。

●韓国キャンプレポート

　1965 年、奉仕会の精鋭メンバー(中村啓二朗、中西昭二、小野賢二、中木義宗、沼倉公昭、地曳隆紀、田中義登、岡本寛太、山口克升、敬称略)、9 人は 7 月から 9 月まで、3 か月と云う長期の韓国ワークキャンプを敢行したが、研究室の温室管理の関係で長期には参加できず、7 月 21 日から 8 月 29 日まで、SCI のメンバーに 1 年後輩の戸塚正幸君(探検部)と 2 人を加えてもらって、韓国ワークキャンプ協議会主催の第 5 回国際ワークキャンプに参加した。キャンプサイトは、朝鮮半島の東海岸。38 度線を越えて 3 キロ程北へ上ったところ、大韓民国江原道、襄陽郡(Yangyang)の河趙臺(Hajodae)。大自然に囲まれたのどかな寒村で、夏とはいえ朝晩は冷え込むテント生活。 2018 年冬のオリンピック会場の平昌(Pyeongchang)の北の海岸線だ。作業は丘陵部の土砂をトロッコやリヤカーで運んで池沼を埋めたてるプロジェクトは江原道の総合開発計画の一つで、このプロジェクトの推進イベントとして、国際ワークキャンプが企画されたもの。世界の若者達が協力して開墾作業を勤労奉仕として実施するもので、全部が完成すれば、33 エーカー(13 ㌶)の水田が出来る予定で、新たに農家一戸当たり 30 ㌃の水田が供給されると云うもの。このキャンプで実施する水田造成という作業は、現地の零細農民を物質的に支持するばかりか、それ以上にキャンパー達がそこに居るということで韓国民に新しい勇気と前進する希望を与えようという波及効果も狙っていた。

　キャンプサイトは、夜の 10 時半を過ぎると、高射砲の陣地から何万燭光とも言うサーチライトが、テント村から田園を舐めるように照らし、砂浜からイカ釣り船の漁り火がまたたく沖合まで達する。これは、北朝鮮のスパイが海から上陸するというので、サーチライトと共にすぐに攻撃できるように高射砲の銃口が光の先を狙って一晩中警備をしていた。キャンプの作業が順調に進んだことは勿論だが、キャンパー同士の国際交流イベントも友好的で、村の皆さんとの交流会では、日本語で語り掛けてくる親日家もいて親しく語り合いもした。

　成功裏に終わったワークキャンプからソウルに戻った 1965 年 8 月 15 日は、光復節、独立記念日などと呼ばれ、特にその年は日本からの解放 20 年を迎えた喜びで、ソウル市民は太極旗の手旗をもって集まってきていた。式典が中央庁広場で行われると云うので、日本人キャンパーのリーダーである SCI の加島宏さん(現弁護士)と、韓国 SCI の金さんで会場に向かった。しかし、警備は厳しかったが、金さんから、「彼等は、国際ワークキャンプに参加したメンバーで、親善に来た」と説明して、ようやく会場に入れてもらえた。朴正煕大統領は挨拶で、「今年は輸出、貿易、労働の年として、過去のいまわしい過去を忘れて、これからは、新たに日本と親しくしていかなければならない」と話していた。また、外国人キャンパーとして、板門店にも案内いただいた。

　日本人キャンパーの中でも豊田兼宇さん(千葉大建築学科)とは親しくしてもらっ

た。現在豊田さんは建築設計事務所主催(建築士)する傍ら SCI の副会長を務めている。これら韓国での経験は後で触れるが、就職してから生かされることになる。1965年8月20日、日韓国交正常化に向けて「日韓批准反対の学生デモがソウルで激化」とニュースが伝えていた。そんな中で29日釜山から下関に着いたが12月18日、日韓基本条約が発効された。

●職場で生かされたボランティア活動

　研究に生かせればと、1965年5月2日から1カ月　八丈島の八丈島ガーデンに住み込んで熱帯園芸の実習を行った。5月からは12月まで時間を見つけては、国民公園協会「新宿御苑」の大温室で実習をさせていただいた。

当時、他の学科の連中から聞いた話だが、1965年5月22日に奥多摩の雲取山で発生した「農大ワンゲルしごき事件」で死者が出たことから、大きな社会問題になっていて、年が明けて春が来ようとしているのに報道は尽きなかった。そんな中での面接でワンゲルの事しか聞かれず落されたと云う話しが伝わってくるほど厳しい就活であった。

　私の場合、熱帯園芸植物の栽培経験を積み、卒論もインコアナナスによる「着生植物植込材料の理学的性質が生育に及ぼす影響」と云う研究だったが、奉仕会活動の実践の中で、「農」をベースにした地域社会での助け合い活動に軸足を移していたから、JA東京中央会に就職することが出来た。農業拓殖学科では農業について浅く広く学ぶことが出来たから、中央会では、営農、農政、教育、広報、経営など幅広い事業で、農業拓殖学科で学んだこと、奉仕会活動で体験したことが生かされたと云ってよい。

　例えば1967年、我が国の農業団体としては初めて、東京の練馬農協とソウル特別市農協とが姉妹農協締結を行った。これには経験が評価され交流のお手伝いもできた。その後交流は拡大し1977年全国農協中央会の藤田三郎会長と家の光協会の小串靖夫会長を案内して渡韓し、大韓民国農協中央会権容湜会長との間で備忘録が締結されている。

●江戸東京野菜の普及を支援いただく同志

　1980年代頃から江戸から伝わる東京の農業遺産というべき伝統野菜が大幅に減少していたことに危機感を感じて、2005年7月1日、ライフワークとして「江戸東京・伝統野菜研究会」を結成した。2008年からは公益財団法人東京都農林水産振興財団に招かれ食育アドバイザーの肩書をもらった。同財団では江戸東京野菜の復活普及に取り組んだことから、東京農大も反応してくれた。

　2008年12月5日東京農業大学食料環境経済学科では、前身である農業経済学科から通算70周年を迎え、その記念講演を依頼され、「食と農」の博物館で同学科学

40

生等に対してお話させていただいた。

　2010年3月15日には東京農大とGREENSTYLEが主催した丸の内マルシェスペシャルトークショーとして、トレンドである「東京やさい」から考える"安心・安全な食のあり方"でフレンチの大御所・三國清三シェフと語り合った。当時副学長をされていた豊原秀和教授と高野克己教授(現学長)も出席された。

また、同年6月8日、豊原副学長から、学部長を兼務している国際食料情報学部の後輩の皆さんに、伝統野菜の話をしてくれと云うので、同学部の国際農業開発学科の熱帯野菜学(志和地弘信教授)の時間（90分）をいただいて、伝統野菜の講義をさせていただいた。

　江戸東京野菜の復活普及の活動は多岐にわたっていたが、2010年9月、都立農業系高校の校長会が府中市にある都立農業高校で開催された。東京には、同校の他、農芸高校、園芸高校、農産高校、瑞穂農芸高校、青梅総合高校などがある。当日は早めに同校に伺い、後藤哲校長にご挨拶を申し上げたが、「農大奉仕会の大竹さんですか」と尋ねられた。なんと後藤校長は奉仕会の10年後輩だと打ち明けられ驚いた。その後、同校では、府中市の伝統野菜「府中御用ウリ」の栽培を行ってくれている。2012年、後藤校長は都立農産高校に異動されたが、同校でも荒川区が観光資源だと位置づけた江戸東京野菜の青茎三河島菜を荒川区から依頼されて栽培、毎年12月に日暮里駅前で行う「にっぽりマルシェ」で同校の学生達が販売している。

　三國清三シェフとのご縁も継続し、2012年から5年にわたる東北の「子どもたちに笑顔を！ 復興支援プロジェクト」にも参加させていただいたし、現在は都市大学付属小学校で毎年実施しているミクニレッスンの食育講師としてお手伝いをしている。

　これまでの活動は、ブログ「江戸東京野菜通信」で紹介しているが、この度、奉仕会での活動を顧みる機会を頂いたことで、日記帳などをめくってみると、こんなにも人生の中で、影響を受けていたことに驚いている。継続していることも多く、お世話になった皆さんに感謝を申し上げます。

初期のワークキャンプ風景　1964年6月7日
世田谷の愛隣会の保育園では、部屋の前のスペースに花壇や庭園づくりを
依頼され、参加者が何班かのグループに分かれて競い合った。

金沢佛子園(64.1.4)で、完成した砂場の縁に座って
左から中木義宗、大竹道茂、中村啓二郎、佐野英紀と園児たち。

立っている左から、女性(氏名不詳)、山口克升、地曳隆紀、磯部由紀子、中木義宗、田中義登、
大竹道茂、佐野英紀、中村啓二郎、中西昭二。座っている左から男性(氏名不詳)、江幡五郎。

1964年3月9日
萬蔵院春季ワークキャンプ

萬蔵院慈光学園の春季キャンプの途中で帰る大竹道茂、今泉肇(移住研)を送る為、バス停で青山ほとりを踊る。

中村啓二郎
佐野英紀
中木義宗
磯部由紀子
江幡五郎
沼倉公昭

黎明期の奉仕会
6 私の中の奉仕会

中木義宗　（昭和41年拓卒）

　ＳＣＩと出会って奉仕会を設立、第1回ワークキャンプを萬蔵院で実施。杉野先生、萬蔵院中川祐俊住職から深遠な教えを受ける。「言葉より行動」をモットーに老人ホーム、那須高原千振開拓村などで活動と共に、栗田先生指導のもとで海外ワークキャンプへ。芝の輸入販売・ゴルフ場づくりを通して人間と自然と霊の関わりを思う。終生奉仕会員である。

　知らせをもらい、みんなに逢えることが楽しみで、待ち遠しくて、心が躍り、わくわくである。平成30年10月13日、栗田先生33回忌法要、取手メモリアルパークで行われた。岩手から長崎まで10県より同志が集まった。墓碑に「斯道無難、唯嫌棟着」（自分のエゴや主観で選り好みさえしなければ道に至ることは簡単である）と書いてある。今頃わかる。早く言ってよと合掌。住職から「故人が世の為に大きな功績を残してきた証です。お集りの皆さんのお顔を拝見すると、充実した人生を送ってこられたことがわかります」。ありがたい話である。

奉仕会ＯＢ会で栗田先生の33回忌を行った。
墓碑の斯道無難、唯嫌棟着は栗田先生の直筆。
※編集注：この禅語は「至道無難、唯嫌棟択」とする用例もあるので、
　　　　　本誌では筆者の考えによる選択を採用している。

　柏駅の近くで懇親会、会員であったと言うだけで学生時代に戻り、ワークキャンプに戻り、原点と言うべき所にそれぞれが戻った。楽しく、盛り上がり、話がはず

み、時が早く過ぎた。宴たけなわの時、中締めをやれと指名され何か一言話してほしいと言われる。つらい中締めであった。「事に当たりて立体で考える。道路でも立体にすると車がスムーズに流れる。平面だと渋滞する。行動も、口も、心も立体で考える」と立体の話をして中締め、宴も終わる。その後、「立体とは何ですか？どう考えるのですか？」と聞かれたが、答える時間がなかったので学生時代から今までを振り返り、駆け足で、それこそ「いだてん」でこれから書いてみる。

　大学はよく「瓢箪」の様だとたとえられる。大きな夢を持って入学、２年目で少し考える。３年目で少し現実を見て、４年目で社会へ飛び出して行く。
　２年の時 SCI に出会う。農大の中に会を作る。『農大奉仕会』である。杉野先生に顧問になっていただく。第１回のキャンプは茨城県の萬蔵院で行った。打ち合わせを何度も行い、ワークキャンプの内容を検討、食当から寝る場所まで細かく計画を立て、キャンプに入った。中川祐俊住職から講義をよく聞いた。

ワークキャンプでリヤカーを引く眼鏡の青年が筆者。

　夜の反省会は楽しくもあり、苦しかった。こんな考えもあるのか、あーすれば良かったかと反省する。「言葉より行動」が奉仕会のモットーである。土曜日曜は世田谷区内の老人ホームに行った。個性の強い老人が多かった。援農にも行った。那須高原の千振開拓村である。各農家に泊まり農業実習、青年団との交流、那須山にも登った。色々な宗教団体とも話をした。山岸会にも泊りで行ったが屁理屈が多いと感じた。自分の所が一番、相手の立場を考えない話が多かった。杉野先生は拓殖学

科の学科長であり海外移住研究所の顧問であったが、奉仕会の顧問になっていただく。SCI との出逢いも、萬蔵院、千振開拓村の紹介や指導、収穫祭の部屋確保や展示や指導など、奉仕会の誕生は、杉野先生抜きには考えられない。先生は昭和 40 年 6 月 29 日急性心不全の為、急逝された。後に従五位勲四等を贈位された。

　3 年目、顧問が栗田先生に変わった。海外ワークキャンプを韓国で行った。趣意書を作成、それを持っての会社廻りである。賛助金、薬品それにも増して多くの励ましをもらった。帰国後は、報告書を作成し、協力団体へ活動報告、お礼に行った。そして来年につなげた。岩崎マンションでは栗田先生の特別講義を探検部とともによく聞いた。海外における農業支援の在り方、哲学、自然科学等多岐にわたった。それはまるで合宿であり、キャンプであった。みんなで持ち寄り、飯もよく食った。

　4 年になる。悩む。生きるって、人生って、親とは、自分とは、わからない。自分は何をなすべきか、一人眠れない日々が続いた。図書館へもよく通い、多くの本を読んだ。しかし、結果は行き止まりである。「それが青春、みんなの通る道、そして大きくなる」。苦しい、言葉より行動、その行動がない。友は海外へ行き、高校教師となった。教職は取ったが、先生になる自信がない。「好きなことをやったらいい」しかし、好きなことがない。完全に行き止まりである。迷う。「現在に迷う者は将来なく、今日自失する者は明日を語るべからず」。栗田先生からいただいた色紙を見ては、悩み、苦しみ、見直しては又考える。滋賀県大津比叡山の麓で修行に入るが、親に連れ戻される。浪人生活である。

　芝を輸入販売する会社に就職する。芝は米国暖地型の芝で日本の冬に耐えられるか、越冬試験を千葉大、大阪府大卒の先輩と 3 人で行う。地上の湿度、温度、地下の温度、雨量、そして芽出し、生育調査等いろいろテストした結果、この芝は越冬可能と結論を得た。そしてゴルフ場に使用することを会社は決定した。いよいよゴルフ場建設に乗り出す。設計の専門家、工事会社を選定し、工事が始まる。図面が出来上がり、測量が入る。ホールのセンターが開かれ、山の木々が倒され、山全部が裸になる。山師が入る、ブルドーザーが入る、元請けが事務所と飯場を建てる。人の出入りが激しい突貫工事である。測量も、山師も、植木屋も、ブル屋も、水道屋も責任者がおり、週 1 回の打ち合わせ、そして昼夜現場は動く。初めて経験する飯場での生活は規律が厳しい。部屋の掃除、下駄箱の使い方や足元の大切さから始まり、挨拶や謝り方では頭の上げ下げ、手の位置まで事細かに注意される。とてもいい現場であった。飯も美味かった。ワークキャンプの様である。ブルトーザーがうなり、一晩で山が動いた。表土が谷底に落ちた。大木が切られ、山が変わる、水の流れが変わる。目的の為とは言え、大自然が破壊される。森の精から、水の精からはまるで悪魔の手先であるかのように嫌われるようだ。罪悪感である。しかし、仕事をしながら多くのプロに逢い多くを学んだ。ブルの運転手は、まるで自分の手足の様に機械を操る。多くの土をあっという間に目的の場所に移動させ、しかも仕上げのラインが美

しい。水道屋はグリーンへの散水が見事である。並べたコップの水量を計るとみな同じ量だ。芝は大喜びだ。突貫工事にかかわらず、プロ達の仕事は正確だ。芝が張られ出来上がる。太陽の光に反射した芝の露は何倍にもキラキラと光り輝く。去って行った工事関係者にも見せたい。地元の人達も喜んでくれた。悪魔の手先が天使の使いになった感じがした。ゴルフ場が美しく出来た。芝も元気である。もっともっとゴルフ場を作りたいと思った。防風林の松林の中にゴルフ場を作った。砂地の上での工事が進み、そのすばらしい松は、能舞台の背景を想起し、降臨をイメージさせてくれる。良いものができた。このコースでは毎年大きな大会が開催され、テレビで放映される。それを見るたびにあの松を残したのは正解であったと思う。何ケ所かゴルフ場を作ってくると、地形を見ただけでゴルフ場としての良し悪しの直感が働くようになった。

　宮崎の現場で結婚をする。奉仕会のお陰である。奉仕会の仲間が出演したNHK教育テレビ「アジアに生きる」を共に見た人が妻である。仕事は太陽と共にある。日の出前の空の茜色、芝の緑、周辺の松は絵になる。潮風が肌に心地いい。美しい。太陽の光が、熱が芝の生育には必要である。芝を見るには早朝に限る。露の上がり具合で目に見えない根の状態がわかる。雨もありがたい。人工的な散水より雨のほうがしっかり地下に沁みるのは、気圧の関係であろう。太陽を中心にした芝と松の関係はなんと素晴らしいことか、すべてが従っている、素直である。言葉がなくてもいい関係、生かしてもらってありがとうである。

　娘が生まれる。かわいい。寝ていても笑っていても天使である。無心でも心がある。無我でも肉体がある。飯を食べるときは、膝に抱いた。ご飯がおいしかった。大切な食事、健康を作る食事、この美味しい食事を作ってくれる妻に感謝である。ますます仕事も好きになり何と楽しいことか。

　ゴルフのプレーを始める。止まっている球を打つ。止まっているのに当たらない。体には5つの関節がある。足に2つ、手に2つ、首に1つ。打つ場所はそれぞれなのに、これらの関節がしなやかに動く。風も、雨も、太陽も考え、方向を決める、そしてクラブを決めて打つ。結果はすぐ出る。グリーンがまた面白い。ただ穴に入れるだけなのに。方向を決め、集中してクラブを動かすが中々入らない。ゴルフ場の設計にも興味を持つ。バンカーに入りやすく、出しにくい設計にするが、打つ場所から見て緑の中に美しい形にする。グリーン周辺ではそれを引き立たせるような位置、形を考える。枕木を立てた設計家もいたし、水を絡ませる者まで出て来た。砂を入れないバンカーもある。1ホールに4つ5つ置く。18ホールにどう置くのかホールの長さを考える。全体の距離、水の使い方、風の道、太陽の高さ等諸々の条件を考える。プレーする人にとって、18ホール、18話になるよう、その物語の舞台を作る。次々とホールが浮かび、図面に起こす。18ホールが完成、気付けば朝だ。地球の彫刻家となる。コースのデザインには夢がある。

北朝鮮に初めての本格18ホール、それも国際的に誇りあるゴルフ場建設のため、図面の募集が朝鮮総連よりあった。私の作品が当選するも周りは反対。しかし妻は「北朝鮮初めてのゴルフ場、やってみたら」。その一言でやる事にした。日本との国交がない為中国北京に行き、飛行機か列車で入る。国は異なるが湖があり、川があり、ゴルフ場として絶好の場所である。太陽の位置を考え、季節を考え、湖を取り入れ、川を取り入れ、周りの景色を考慮し、図面を現場に合わせて変える。日本での突貫工事と違い、のんびりと作業が進む。大型重機が燃料の関係で時々止まるが、多くの人が動く。子供達が芝を植える。良い植木も入れてもらった。グリーンも面白くした。プロが打ってもかなり難しいグリーンである。きめ細かく、手作りで誇りの持てる、満足できるゴルフ場に仕上がった。

　千葉県成田でオーナー側としてゴルフ場を作る。良い地形、良い山、大きさも丁度良い。東西南北にホールが入り、風にも太陽にも邪魔されないゴルフ場。良い設計家、良い工事業者の手により丁寧で美しく、飛行機の騒音にも負けないゴルフ場の完成。ここでは芝の管理を行った。管理のイロハは、観察から始まる。芝が何を欲しがっているか、水かメシか、朝早くから夜遅くまで観察は続いた。秋、芝を燃やしてみた。虫を少なくし、春の芽出しを良くする為である。

　韓国済州島でも2ケ所のゴルフ場に関わった。自然を相手にする仕事、通訳を介しての会話で、自分の思い通りには進まない。日本ではすぐ出来るのに、適切な対応が遅れ、病気が拡がる。激情する人もいる。優しい人も多かった。朝鮮半島で3ケ所のゴルフ場作り、奉仕会で援農を行った韓国との縁かも知れない。

　国内では10ヶ所、ゴルフ場に関係する。太陽を中心とした大自然の中で仕事が出来て幸せだった。言葉がなくても、自然が、芝が答えてくれる。太陽を中心に植物、動物すべてが従う。あの光とあの熱に。雨も風も。私もそうありたい。最後の仕事が伊豆半島下田であった。ゴルフ場にいると自然によく本を読んだ。ある一節に「悪がなぜなくならないか、みんなが望まないのになぜ、どうして善だけにならないのか」とあった。人間を見ていると自分が良ければそれで良いと言う人がなんと多いことか。他人がどうなろうとも我善である。宗教でさえ自分の入っている教えが最高で一番と押し付ける。

　人間に失望していた時、「悪の御用」を知った。善のみでは力が出ない。悪があるからこそ善が力を発揮し、進展する。「人の振り見て我が振り直せ」である。身魂を磨け、神を祀り、祈りなさいと書いてあった。そうだ、これだと腹に入った、心に刺さった。必死で読んだ。勉強した。その本の名は「日月神示」。昭和19年6月10日、神から直流の啓示、最大最高の神輿、神書である。世の元から神が計画した「三千世界の世界改造計画書」且つ同じ神が計画実行責任者である。最高の神様が人間の体を通して書かせた計画書である。この計画を実行するには身霊の磨けた人、これは「体主」から脱出した人、自分、個人、己が中心ではない人、即ち「霊主」である。

神様は一人一人を火と水により磨くと言う。善いことも悪いことも共に抱いて生き
よ。善悪は紙の裏表である。どちらを見せるか、身霊の磨き方で決まる。霊主で考
え、行動すると自分が変わる。人の悪の状態を見て自分を高める道具にする。他人
の体主を見てそれを鏡とし、霊主で生きる。我慢するより辛抱、霊主にすると言葉
が美しくなる。いやなことを話さなくなり、口数も少なくなる。言霊を大切に、生き
方を大切に、仕事は楽しく真面目に、である。

　伊豆半島で仕事を卒業した。奉仕会で経験した老人ホームの手伝いで、年を取る
と子供に返ると聞いてはいたが、現実は、自己中心、頑固、協同に欠けることを感じ
た。実母を見てそう思う。母は一人暮らしだったので実家に入る。所謂老々介護で
ある。「謝ることも誉めることも自分の都合が先の我儘な母」産んでくれ、育ててく
れて母には感謝しているが。しかし、喜んで出来ることをしよう。掃除、洗濯、食
事。そして良い言葉を口から出そう。「ありがとう」「僕が片付けるからそこに置い
ておいて」「洗濯は僕がするよ」「食器は僕が洗うから」「風呂洗いも僕がやるよ」。霊
主に立って考えたことが立体である。公のものは大切に、丁寧に、美しく、母には心
穏やかに、優しく、感謝して接する。嫌なことを心に浮かべない、たとえ思っても
相手に口にしないよう心掛ける。太陽におはよう、月におやすみ、雨にありがとう。

　東日本大震災は今年の3月11日で8年。大地震、大津波、そして原発事故、まさ
しく火と水である。平和ボケ、極楽とんぼの日本人が一瞬にして変わった。自分に
何が出来るだろうか。現地に入ったボランティア、若い人達は自分と他人、個人と
公、どちらを大切にしたのか。他人と公でしょう。他人を大事にする、公の為に働
く、心の中から浄土の証です。被災者の方は自分も大変なのに、「あっちにもっと大
変な人がいます。助けてやってください」と津波にあった人達が言うのです。自分
や個人ではなく、他人や公を大事にするのです。これが立体です。平山君（44年拓
旧姓鈴木）は老人を助けに行き、あの黒い津波に呑まれたとのことである。霊主だ
った。冥福を祈る。この救う行動が立体である。行動の中に自分の欲、我がない。老
人を助けたい、ただそれだけであっただろう。それが奉仕会員である。ゆっくり寝
てくれ。

　萬蔵院から今日まで急ぎ足で思いつくまま書いた。杉野先生、栗田先生、中川祐
俊住職、奉仕会の仲間に感謝したい。合掌

　追伸　三重県の佐野英紀さん、3月亡くなる。ご冥福を祈る。

1964年(昭和39年11月1日)農大収穫祭で奉仕会のPRルーム
奉仕会として初めての収穫祭。教室を半分使って奉仕会の活動発表と会員募集を行った。教室には国際基督教大学の雑木林から落ち葉を集めて床に敷き詰め、黒板にはスコップを並べた。部屋の一角には応接コーナーを作り入会希望者への説明を行った。上写真・左から三人目、下写真・前列中央が筆者。
　(写真提供・大竹道茂)

前列左から、山口克升、田中義登、中木義宗、地曳隆紀、沼倉公昭、磯部由紀子。
後列左から、大竹道茂、中西昭二。

前列左から、田中義登、中木義宗、大竹道茂。
後列左から、中西昭二、山口克升、沼倉公昭、地曳隆紀、磯部由紀子。

海外農業協力活動
7 ベトナムの生と死

中村啓二郎（昭和41年拓卒）

1969年(昭和43年)3月、農業ボランティアとして戦争中のベトナムに渡り、自分の信念である「人との出合い」を信じてサイゴンの北東 150kmのバオロックで養蚕指導をはじめる。実績を基に下院農業委員会の信頼を得て、日本式養蚕技術を全国的に普及する計画に着手するようになった。さらに71年7月からは、日本政府のコロンボ計画養蚕専門家として国際的な援助計画の一環となる。農民を豊かにする活動は日本政府、南ベトナム政府はもとより、南ベトナム解放民族戦線にも認められるに至った。1974年12月8日に解放民族戦線に身柄を拘束され「生と死の間をさまよう40日間」を過ごした。1975年1月17日に身柄が解放された後、4月17日にボランティア時代を含めたベトナムでの6年間を終えて帰国。サイゴンは4月30日に陥落した。本稿は筆者が1976年6月30日に農業拓殖推進協会(東京農大拓殖政策研究室)から発行した「ベトナムの生と死。ある養蚕ボランティアの6年間」を、著者の了解の下に編集委員会にて、養蚕専門家として活動した部分を中心に抜粋・編集した。発行から既に40年が経過しており、現在では名称が変更されていたり、存在しない地名・機関があるが、当時の雰囲気を伝えるため修正を加えず、そのまま編集することとした。文責は編集委員会にある。

1976年6月30日に農業拓殖推進協会(東京農大拓殖政策研究室)から発行された。

まえがき

私は、養蚕専門家である。いい蚕をつくり、いい糸をひく。その国の気候や土壌を考えながら、養蚕のレベルを少しずつ高めていく。そのことは、ほんの小さなことであるかもしれないが、確実にその国を良くしていく。政治が、革命がそのことを飛躍的によくするかもしれないことに比べたら、ほんのちっぽけな向上かもしれない。だがそうしたちっぽけな技術の向上、生産性の改善も、その国には絶対必要なものだと私は考える。そうした方向で私がなにがしか貢献し、その国の人々と本当に手を握ること。これが私のロマンなのである。

私は1965年、東京農大農学部農業拓殖学科を卒業した。韓国や南ベトナムで、養蚕の事業を少しは向上させることができた。こう思えるのも、大学で、あるいは社会に出てから、そうしたロマンを私に持たせてくれた、あの人、この人のおかげである。だから、言葉もわからない南ベトナムへ、しかも戦争の最中に、蚕の種を持ち込んで、6年間もがんばったのは、なにも解放戦線支援のためではなかった。だが、私は、解放区で、競合区で、結果として解放戦線の人達と一緒に生活してきた経験を持っている。そして、解放戦線の幹部と、兵士と、女性兵士と、素朴な解放区農民と、どうすればベトナム人の生活が向

上するか、これからのベトナムはどうあるべきかを、何日も、何週間も、何ヶ月も語り抜いてきた。その中で、心と心の繋がりが確かな連帯を生んだ。

赤い土、緑の桑蚕の種と誠意を抱いて

1969年3月18日、ベトナム戦争の真最中に、私はサイゴンの土を初めて踏んだ。軍用機で埋まるタンソニュット空港に着いたとたん、長ズボンの裾から吹き上げてくる熱気。熱帯に着いたという実感がこみ上げてくる。泊まるあてのないままに、空港バスに飛び乗った。途中の景色や、アオザイ服のベトナム女性も眺める余裕はない。僅か80米ドルと、蚕の種8箱だけで、今まで追い続けてきた私のロマンが、果たしてベトナムの土に芽を出すだろうか。この不安、誰もこの地に知人もなく、何の紹介状も持たず、まったく寂しい、動揺している自分を感じながらサイゴンの中心部へと向かっていた。

このベトナムの土を踏むまでに、長い間秘めていたロマンが咲くかもしれないという、かすかな希望はある。だが、現実にどうして、どこで、誰の協力を得て、日本の蚕を飼育し、その地に根をおろすか。考えれば考えるほど、絶望感に襲われるのだった。しかし、どうしてもそれを実現しなければならなかった。使命感というよりも、それこそが、私が学生時代から歩み続けてきた道なのだ。それは異なった価値観、社会的障壁、様々な相違からなる社会に自分を置き、そこに人間愛を表現し、しかも生産技術を通じて、桑を植え、蚕を飼育し、繭糸にし、家内工業を興し、そこに住み農民と共に汗を流して、働くこと自体なのであった。

"生きる"ことを、自分の身体で表現したいというこの情熱は、私の周囲の人々全てに受け入れられてきたわけでは決してなかった。だが、見失っていると指摘されても、生きること、そのものが苦悩であることを、自分の肉体で味わい、もし、大きな川に呑まれるとしても、ベトナムで精一杯、がんばりたかったのである。

恩師栗田匡一教授の退職金の前借りの10万円と、日本工営の久保田豊社長（現会長）より戴いた15万円で、片道の航空運賃を払い、残ったわずかな金で、蚕の種、農薬、土壌検定器などを買い揃えてきたのである。思えば、サイゴンまでの道は長かった。大学を卒業しても就職せず、茨城県猿島の萬蔵院で色即是空を追求して、又、埼玉の岡部、櫛引農協で分村計画を研究するために、農協に住み込ませて戴き、生産性を向上させるための立体的養蚕業の組み立てや、農民の生活を頭に入れた。その間実際に蚕を育てるために、農協の紹介で桑畑を貸して戴き、蚕を飼育し、時間の合間に埼玉県養蚕業試験場に通い、病理・育種について研修した。また一方では、韓国に出かけて農村に住みつき、忠洲園芸協同組合長の権氏の紹介で村人と生活を共にし、言葉や社会的性格の相違を越えて、人間愛の尊さを自分の体にきざみ込んだものである。そしてバラの花のように自分を一生表現できたら、これに勝る生き方がないことを確信してきたつもりだった。

ベトナム蚕の新しいメッカ

　私がたどり着いたラムドン省は、人口約3万人の小さい町だった。標高750㍍なので、熱帯とはとても思えないほど涼しい。茶やコーヒーのプランテーションが続いており、フランス人や華僑が経営者で、この地区の農業は外国人によって支配されているといった状態だった。

（中略）

　複雑なベトナム社会の中に入って、一日本人が蚕を普及するといった素朴なロマンをどう結実してさせていけば良いのか、私は私なりにとにかくやってみた。もちろん、その成果についてどれほど期待できるか、それは今後の問題でもある。だがとにかく、私は、自分自身がその社会で生活しながら、少しでも桑を植え、蚕を飼育させ、明日の農村の自立に役立てようと思いながら、ただ生産をあげ、技術の移転に努力した。スコールのあった日も、戦争の日も、一緒に農民と生活しながら生きることを表現した。私が、日本からはるばる持ち込んだ蚕は、69年4月、予定通り21日間の飼育期間を終え、繭となった。

　その繭は、つややかな白であった。私は、できた繭270kgを全部、飼育に参加した農家に分配した。農民たちが一つの繭を紡いだら、糸の長さは1200㍍にも達した。日本では当たり前のできである。しかし、ベトナムの在来種は、繭が黄色く、250㍍ほどしか糸がとれない。中国種との交配改良品種でもやはり黄色で、糸は長いものでも680㍍ほどなのだ。農家の老人や娘たちは、私の持ち込んだ日本種の優秀さに目を見張った。日本種の繭を繰糸したら、1kg 8,000ピアストル（当時1ドル220ピアストル）もの高値がついた。在来種ならせいぜい2,500ピアストルだったのである。日本種への大評判と一緒に、私への信頼は一度に高まった。力を得た私は、バオロックに腰を据えることにした。

農業省バオロック蚕業試験場での蚕の飼育指導（本書31頁）

コロンボ計画養蚕専門家として

　私が、あの中部高原の町バオロックで、栄養失調になりながらボランティアとして暮らしたのは71年4月までであった。ベトナム語一つわからないまま、解放民族戦線と旧サイゴン政府軍側の勢力の接点で生活をはじめたのは、先ほども書いたように69年3月からだから、キャンペーンのためにサイゴンへ出ていた期間を加える

と、2年と1ヶ月になる。

　71年4月、一旦日本へ帰国した私は、こんどはその年の7月、コロンボ計画養蚕専門家として再び南ベトナムに入った。私の極貧時代を知っていてくれるサイゴンの日本人たちは「中村君、出世したね」と、心から喜んでくれた。しかし、私にとっては、それは出世でも何でもなかった。私がやりたいと思っていたこと、つまり、ベトナム人と一緒に生活し、ベトナム人のための養蚕に私のささやかな力を貸し、ベトナム人の繁栄のために私が貢献できることがあれば、そのためには努力を惜しまず、人間を信頼して生きていく・・・・こうしたことの上では、ボランティアもコロンボ専門家も、私にとっては全く同じなのであったから。

　だが、正直、コロンボプラン専門家として南ベトナムの土を再び踏むことができたのは、私にとって別の意味で嬉しかった。一つは、私がボランティアとしてバオロックでやった仕事が、日本にも旧サイゴン政府にも、そして、実は解放民族戦線にとっても大変認められ、国際的な援助計画の一環にまで発展したことである。二つには、正式な援助のルートにのったために、顕微鏡を買うにも、車を買うにも、とにかく私の仕事に必要な最小限の機材が、日本からの援助としてどしどし届くようになったことである。

1974年12月8日、サイゴンへの移動中、解放民族戦線に知人の岩下文雄氏と共に身柄を拘束された。
1975年1月17日に解放されるまで、「生と死の間をさまよう40日間」を過ごした。
身柄を解放された後、再び任地に赴き、その後帰国した。
以下はその記述である。

ベトナムの土よ、さようなら
　「キミが現地に残した、桑園や蚕業試験場の研究員や農民、労働者にもう一度会いに行くべきではないか・・・・」。この心の中の声は、私の疲れが日めくりのように取れていくのと反比例するように、日一日と大きくなっていくばかりだった。私は、ついに妻の許しを得た。そして2月中旬、また出かけていったのである。バオロックの風景は、一見、全然変わっていなかった。しかし69年当時で20〜30ヘクタールしかなかった桑園が、500ヘクタール以上に増えており、製糸工場ができ、養蚕農協ができている。その努力は小さいながらも確かに芽をふいていた。75年に、日本政府

2人の行方不明を報じた記事。
毎日新聞昭和49年12月13日（本書112頁）

南ベトナム

日本人二人が不明
交戦に巻き込まれ? 死亡の情報も

援助が２千万円の予算を計上し、新しい機材がどっとやってくることになっていたのだが、私の抑留などで情勢がよくないとみたのか、船積みは中止されていた。今一歩の努力で、一つのロマンが大きな輪を拡大し、その土台ができるのに。残念だった。と同時に、何かずっしりとベトナム生活の疲れを感じてきた。試験場でぐっすり眠り、静かな朝を迎えた。

　「オング、ナカムラ（中村さん）」と、戸をたたく労働者の声で、急いで服を着て外に出た。労働者48名全員と、山岳民族の助手のオギウ君達が勢揃いし、私が無事にこの蚕業試験場に帰って来てくれたことを、全員で喜んでくれていた。私は熱いもののこみ上げてくるのを抑えながら、「カモン（ありがとう）、カモン」と、一人一人挨拶した。労働者達は、ベトナム戦争の終結が近づいていることを、肌で感じているようであった。これからの生活に不安を述べる人もいたようであった。が、私は言った。「あなた方が、革命によって新しい社会の中へ入っていっても問題はない。むしろ、農民、労働者が、貧しいなりに生産に従事することができ、家族が揃って土地を耕し、戦争のない平和が、近い将来やってくることを、私は確信しているんだよ」と。彼等は深くうなづいていた。

（中略）

　私は不安げな労働者職員の表情を見やりながら、その日の業務の打合せを進めた。そして、蚕業試験場と、五カ所に指導所を設立させ、養蚕農協をバオロックとメコンデルタのタンチャオに組織させ、日本の蚕種を無税で輸入できるように経済省の許可を取ったり、製糸工場のあるプレイクウ、クワンアム、中部のロンカン、南部デルタのタウチャオ地区に、養蚕の普及にと戦場を歩き過った6年だった。生産体制の再編成と研究員の技術向上に、全力をあげた。ちっぽけな一人の人間が暖めてきたロマンが、小さいなりにも農民の中に桑として成長しているのだ。バオロックの蚕業試験場の20ヘクタールの桑園を見ながら精一杯やったあとの、すがすがしさも感じていた。そして、この戦争で傷ついたり、死んでいった知り合いの農民達を思い出して、空しさが交錯するように、いらだちを感じていた。私は、名残惜しさに2晩泊まって、そのバオロックを去ることにした。

果てしない私のロマン

　1975年4月30日、サイゴンはついに解放された。その10日前、私は久し振りに東京の雑踏の中に戻っていた。あの苦しかった思い出を確かめるように、解放区での捕虜生活をしていた時世話になった、解放民族戦線のディンクワン区行政主任のトン氏が、解放の喜びを、毎日新聞サイゴン支局を通じて送ってくれた。

　5月19日付けの同紙一面には、次のように書かれてあった。（※掲載資料参照）

　韓国、タイ、ベトナムの農村生活を数えると、既に8年もアジアの民衆の中を歩いて来たことになる。その間に、2度ばかり栄養失調にもなった。それでも私は私

なりに真剣に、技術協力を通じて"生きる"という険しい道を歩いてきた。自分の身体にしみこんだ、アジアの民衆から学んだロマン（人間愛）を、これからも、より確かにするために、帰国後、国際協力事業団特別嘱託として、農林省蚕糸試験場微粒子病研究室及び育種部で、技術的課題を勉強させてもらった。

開発途上国のその地域に愛を表現する方法論として、その地域の人に無造作にサツマイモを与えることよりも、その社会の土壌にあった苗を育て、栽培することを教えることが、技術協力の意義であることを知っている。しかし、そこにすむ民衆や農民と、私との関係において、はなはだ共通の心が育たない。いずれの地域でも、住んでいるのは人間である。その国その国の伝統、文化、価値観の多様性のあるその社会で、与えるものと受けるものとの間に、対立概念が生じることがある。

私が歩いたベトナムの農村には、そこに人間の歴史があり、社会構造の違いがあり、そこに文化の形があった。だから、個と個、個と全との関係において、何か(愛)を表現しようとする場合サツマイモの苗を育てる技術論の指導と共に、そこに在る私自身が、生きる事を追求することが大切である。共に生きよう、共にある生（自我）を追求する精神・態度に、人間共通の生きる自由の表現がある。そこには、与えるものと、与えられるものとの間に、共通の人間的立脚点と言おうか、厳しいがほのぼのとした心が生じる。その基本がないと、統計的な拡大といった単なる技術協力になってしまう。しかし、政府や国際協力事業団が、開発途上国に派遣される専門家にそこまで要求することは、人間の人格の尊重という観点からできないだろうが、論理の世界では追いつめることができるのではないか。

（中略）

ベトナム社会で、二つの体制の中で生死を味わってきた自分は、決してどちらの体制が良いといった視点にあるのではない。生きる自由を我々若い世代が考えなければ尊い血を流して創ってきた日本の自由社会が、平和が、壊れてしまう危険もある。私は、また、この険しい上り坂を好むと好まざるにかかわらず、日本の社会、或いは開発途上国のある村で、追求し続けるであろう。なぜなら、その道が平和や真の自由につながると信じているからなのである。

毎日新聞昭和50年5月19日
（本書217頁）

海外農業協力活動
8 奉仕会の活動を活字として残す

竹村征夫（昭和42年拓卒）
洋子（昭和42年経卒、旧姓：神山）

SCIのLTV（長期奉仕者）としてインドへ。国内では想像も出来ない生活環境、難解な言語環境下で協力活動を行う。帰任後、新婚の夫人を伴ってネパールへ。農場建設に全力を尽くす。帰国後は故郷で原野林を開拓、ネパール・チュモア村から持ち帰ったシャクナゲを「チュモア」と名付けシャクナゲ園をつくる。開花まで10年かかるが「開花まで生きてやるぞ！」。

私は1968年4月横浜港大桟橋からインドに向かって出発した。大桟橋には多くの友人が来てくれた。田中、鈴木、いく子さん、いく子さんの姉、地曳の母上、中川、オハラ、神山、たくさんの人が見送りに来てくれた。

栗田先生の勧めによる「SCI」のLTV（Long Term Volunteer）としてウッタルプラデイッシュ州のマサウリ村にある母子施設が自給自足する為の農場を作る為に派遣された。施設から概要を知らせる手紙が来ていたが彼らが持っている

1964年4月横浜大桟橋よりインドへ出港を前にして

という[Tube well]という事さえわからなかった。施設の周囲250km以内に日本語を話す人はいなかった。畑の現場では英語さえ通じなかった。ヒンディー語の変形した方言だった。言葉は覚えないと生活できないから死を意味する。土壌はpH12という強アルカリ土壌で日本の田んぼのように多量の水を張りその後Gypsum（石膏）を散布しアルカリに強いマメ科の作物をまき緑肥として鋤き込み、少しずつアルカリを減らして作物ができるようにしていく。短時間でできる仕事ではなかった。自然は豊で雨季には、毎朝クジャクが部屋の前に来て何かをついばんでいた。

施設内の子供の部屋の衣装箱の下にヘビが入り込んだので取ってくれと言われ、行って見たがでかいヘビ。最初棒で叩いたら棒が折れてしまった。覚悟を決めて太い棒を2本用意して1本で首を押さえ1本で頭を叩いた。シャーシャーと大きな声を発して威嚇したが最後には殺して引き出した。2m半位あるインドニシキヘビの

子供だった。野原に放り出しておいた。高い上空をコンドルが飛んでいた。片付けてくれるだろと思った。

　施設が乳用の水牛を購入して子供を産ませ牛乳を施設の子供に飲ませる計画だった。子供が生まれたが母親が立ち上がる事ができず子宮脱で死んでしまった。8人位の人が来て私の部屋の前で皮をはいでそのまま帰ってしまった。カラス、トンビ、野良犬が来た。それを上空から見ていたコンドルが下りてきた、水牛は大きく600kgはあるだろうと思われた。コンドルは地面に下りても頭まで1m位の高さがあり羽を広げると2m位ある。ラジャと呼ばれる一番大きなコンドルを先頭に20羽くらいが下りてきた。犬もカラスもトンビも蹴散らして、水牛に突進したそのグループが20位来た。計400羽位である。コンドルの山で水牛は見えなくなった。夕方までに大きな骨を除いて何もなくなった。コンドルは食べ過ぎて飛ぶことができず、近くのマンゴウの木で休んでいた最後のグループがいなくなるまで1週間かかった。

　その後SCIのビハール州のプロジェクトに行ってくれと言われ、単身行くことになった。そこは古い民族のサンタリー族（政府が保護している）が住んでいる地域で、当時私は世界一貧困な地域と感じた。現地では住む家も壊れていて住めるような状態ではなかった。自分で土に水を加え粘土状にして壁を作りドアと窓枠を大工に作ってもらった。屋根は竹の丸太を縦横に置いてその上に素焼きの瓦を載せていく。トイレは無かった。毎朝田んぼの低い所に行ってしゃがんで用を足していると、サンタリーが飼育しているイノシシの様な豚が3頭は走って来て「うんこ」を取ろうとする。まだ排便は終わっていないのに尻をつつかれそうな感じで、近くの土のかたまりを投げつけるが効き目がない。尻を洗って立ち上がると3匹の豚が突進、数秒で「うんこ」は周辺の土を含め無くなった。ものすごく衛生的な「豚洗トイレ」だ。この地域は、灌漑用の水が全くない為、雨季になり雨が降らなければ田植えができない。以前は村人全員が大地主の小作人で地主の畑で働いて暮らしていた。国の政策で農地解放がされ全員に土地が分配されたが、農民の技術では収穫量が少なく、保存しなければならない来年の種子も食べてしまうことになり、毎年地主から土地を担保に種子をもらった。何年もそんな様子で結局、元の小作に戻って地主の畑で働く事になってしまった。毎朝村人は村の真ん中にある菩提樹の木の下に集まって全員（7～8人）ガンジャ（大麻）を回し飲みして散っていった。

　SCIではこの地区は水が無いため農業ができない。その為数年前に井戸を堀った。大きな井戸で径10㍍、水までの高さ3㍍、水深3㍍位だった。その水をくみ上げるポンプを設置する施設を作らなければならなかった。現状と可能性を調査してニューデリーの本部に連絡し、後から来たヨーロッパからの新しいボランティアに引き継いでビハールから離れた。その後南インドのマドラスから船でシンガポールに行きシンガポールから横浜まで東ドイツの貨物船に乗って日本に帰ってきた。

　すぐに栗田先生からネパールのヒマラヤに蔬菜作りの農場開発があるという話が

あり誰もやったことがない事、資料も極めて少なかったので行くことに決心した。蔬菜の技術をもっと習得しようと考え、川上村の農家に実習に入っている時、栗田先生から手紙が来た。内容は「神山洋子と結婚しろ」と言う事であった。ネパールへの出発が迫っており結婚を決めて1か月で結婚式を行った。皆が忌み嫌う「仏滅」の日だった。

　単身ネパールに渡り農場建設に全力を尽くした。2,850mの高地である。作物は何ができるか研究した。南北に走る谷の底で広い面積は元々無い。砂と石だけの狭い畑。日照時間が極めて少なく果菜類は考えられなかった。根菜類も難しく、辛うじて葉菜類のみが育った。3,850mの所にホテルエベレストビューを建設中で飛行場も同時に作っていた。農大時代にトラクターとブルドーザーの免許を取っていたので役に立った。畑で作物ができない真冬、飛行場建設をした。ダイナマイト400kgとブルドーザーで石を砕いて長さ400mの飛行場を作った。このときは、400kgのダイナマイトと一緒に寝て管理して毎日20ヶ所位を爆破していた。作物は、山東菜の様なものが育ち、種子も取れた。周囲の山から落ち葉（主に松葉）を集めヤギ、馬に踏ませ、堆肥を作り作物を作った。種子は近隣の住民に分けてあげた。

　その後、洋子が到着しカトマンズまで迎えに行き、帰りは2人でチュモアまで歩いて帰ることにした。約250km。食料は持たず、食事は現地調達。寝袋のみを持って1人のポーター兼ガイド兼コックを1日12ルピー（当時1ルピー＝30円）で雇った。途中4,000mの雪深い峠を越えた。穀物が全く手に入らない村があり、里芋のみをゆでて食べたこともあり13日かかって農場に着いた。自分たちにとっては力強い経験になった。長男が生まれた。次男も生まれる予定があり子供の教育の為、日本に帰ることを決心し帰国。

ネパールチュモアにて。石だらけの畑から石を掘り出し作業をしている時の一休み。「家の光(1974年9月号掲載)」

　すぐ父親が待っていた。父親は医者で小さい診療所を経営していた。長男（私の兄）が戻って来て開業するからということで新しい鉄筋コンクリート造の診療所を建設しようとしていたので「すぐにここの事務長をやれ」と言われ、診療所建設と医療事務の勉強に入った。事務長をやることが決まったが、私は土（畑）から離れる訳には行かなかった。

私は農大出である。土地を探した。どんな土地でも今まで体験してきた所から比較すれば天国だ。山林が見つかった。20度位の傾斜の、松が主の原野林で雑木が茂っていて見通す事ができなかった。縦横80m位だ。1,500坪、下半分を畑に開墾して上半分をシャクナゲの庭にしようとした。シャクナゲはネパールから種を持ってきて播いた。栗田先生から「シャクナゲは苔の上に播くのだ」と言われた事を思い出した。最初数千本の苗が発芽し順調に育つように見えたが暑さで2～3年の内に全部枯れた。ネパールにいる時友人に種を送ったものが大きな林の中で川が近くにあり、条件が良く、3本が大きく育ち花を咲かせる事ができた。その木から種を採取したり、取り木で自分の所へ移動しようとした。環境が非常に悪かったが1本だけ花を咲かせた。母木は弱っていたが花を咲かせた。そして種を完熟させて枯れてしまった。そのシャクナゲは、私がいたネパールのチュモア村から持って来たので、「チュモア」と名付けた。シャクナゲの公園を作ろうと考えてから30年位経過した。シャクナゲ園には園芸種苗店から購入した苗を沢山植えた。完全にシャクナゲ園になっている。しかし「チュモア」は無かった。ここで育てた苗からここで頑張って種を残した。このシャクナゲには劣悪な環境（乾燥・強い西日）で生まれた種は絶対に育つと確信した。

　平成25年3月、地元産の「チュモア」の種を播き苗に育てた。4年後平成29年3月、300本位の苗が山に移植できる位の40cmくらいまで育った。自分のシャクナゲ園に80本ほど定植した。120本はここより標高が高い近くに小川がある環境良い寺に寄贈した。ネパールの原種のシャケナゲは大きく育ち、開花までに10年以上かかる。寺の住職は81歳、花が咲くまで生きているか？でも寺は後継者が必ずいる。まちがいなく次の代まで見守ってくれる。ものすごく安心した。自分自身80本の「チュモア」の花を見る事ができるか心配ですが、花を見るまで「生きていてやるぞ！」と思っている。土をいじり、苗を育てることが本当に面白い。

　長男（農大卒）が「ワインを作る」と言い出し、畑を借りてブドウを植えた。苗代が高い、台木用の枝と穂木用の枝を5～6本ずつ持ってきて「苗を作ってくれ」と置いて行った。1芽1芽を大事に育てた。全部挿し木だ。80本ほどの苗ができた。これも面白い。続けてやりたくなってきた。しばらく楽しみが続くだろう。

　30年ほど前に何もしなくても育つと言う事で植えたイチョウが巨大に育ち、間伐しても200kg位のギンナンが収穫できる。これも又面白い。
シャクナゲもイチョウも優に100年以上は生きる。自分たちがこの世からいなくなっても元気に花を咲かせ実を着ける。半分位安心してしまった。

海外農業協力活動
9 運否天賦

竹内定義（昭和47年拓卒）

奉仕会活動で「農業技術を介して社会に貢献する生き方」に誘われる。バングラデシュに協力隊員として赴任。帰国後一旦農協に就職するも海外への虫に誘われてメキシコ、ボリビアへ赴任。ボリビア派遣中に、胃ガンを発病するも克服して5年の任期を完遂。還暦を過ぎた後もJICAのプロジェクトでボリビア、グアテマラ、キューバへ6度赴任。古希を迎え正に運否天賦。

　昭和43年に東京農大農業拓殖学科に入学した。奉仕会員として4年間「人間形成」を主テーマに、国内では農村（田植え・稲刈作業等）や福祉施設等でのワークキャンプに参加した。2年・3年生の夏は、韓国で各2ケ月間国際奉仕農場の建設支援と農村調査を行った。

　3年生の時に渡韓した韓国派遣隊8名の約2ケ月間の総費用は596,694円、収入は599,000円（内隊員準備金411,000円、支援金188,000円）であった。準備金は隊員負担一人当たり平均5万円余り、支援金は農大OBと自民党からの寄付金で会の派遣として初めて東南アジアへ向かった藤本彰三君と分け合った。余談だが、当時私への仕送りは、月1万5,000円、三畳一間の部屋代（会員間呼称岩崎マンション）が4,000円で毎月3〜5日間、幡ヶ谷のガラス工場でアルバイト（日給1200円）をしていた。

　全員が寄付頂いたラーメンを一箱ずつ背負って、夜下関からフェリーで釜山に向かった。2度の韓国滞在では、厳しい生活環境下での地曳、笹子、鈴木、千葉先輩の希望村（陰性らい病患者の社会復帰村）への献身的な活動に大いなる感銘を受けた。3年次には渡韓された顧問の栗田匡一先生から現場で直接ご指導頂いた。栗田先生は常に我々に「確信ある実践力の涵養」を説かれた。4年間の奉仕会と韓国での活動を基にした卒論「韓国国際奉仕農場に見る農業開発協力方式の探究」で農業拓殖学科長賞を受賞した。この受賞と4年間の奉仕会活動が私を「農業技術を介して社会に貢献したい」と云う生き方に誘（イザナ）った。

　昭和47年3月、内原の日本高等国民学校（現日本農業実践学園）の7ヘクタールの水田担当となり、戦前朝鮮開拓に従事された武田恒先生のご指導を受けることになった。3〜4年の実践を通して稲栽培を勉強し、海外へ出る積りだった。しかし担任した生徒が、全寮制の寮を夜無断外出して傷害事件を起こし、担任として校長に穏便な処置を求めたが、生徒は退学処分となってしまった。農業高校教諭の資格は取得していたが、稲栽培技術の勉強が主眼で教育者としての自覚が希薄で自信も無かった。自責の念に駆られて一年で職を辞した。

　昭和48年10月、青年海外協力隊の農業隊員としてパキスタンから分離独立して2年半後のバングラデシュ人民共和国に赴任した。業務は農業改良普及員として

採用された高卒の訓練生に稲と野菜の栽培を指導することであった。どうせなら世界で最も貧しい国へと選んだバングラデシュは、極めて政情不安定で着任後間もなく独立の父、ラーマン初代大統領が暗殺された。その後もクーデターの頻発、大洪水の襲来、食料危機等、国は混乱の最中にあった。道端に死体を置いて通行する車を止め、葬儀料をねだっていた。大多数の国民が極貧状態にあったこの最貧国での経験は、その後の途上国でのいかなる環境にも耐えうる心の糧となった。

　稲作は降雨量と土地の高低を最も重要な前提条件として、収穫時期の違いによりアウス稲、アモン稲、ボロ稲の三作型に分類され、全作業が人畜力で栽培されていた。私の技術や知識の範疇を超えた稲作であった。近代農法の目からは不合理・非効率とされる慣行農法の中にも厳しい栽培条件に適応しようとするたくましい農民の知恵の集積をみることが出来た。慣行農法把握の重要性と自分の無知を認識させられた2年間であった。

　帰国後の昭和51年3月、農業技術の修得と兼業農家（農地70アール）の長男である身を考慮して地元（島根県）の農協に営農指導員として就職した。私の町は中国山地に位置する典型的な過疎の町で、大部分の農家が1ヘクタール未満の稲作兼業農家である。一部農家が稲作の他に野菜や花卉を生産して、車で一時間余りの距離にある100万人都市、広島市に出荷していた。当時米の消費減少による稲から野菜・花卉・果樹等への転作農政が実施中であり、農協の対応次第で農家の収入が増減する野菜栽培の指導と販売に熱中した。稲、野菜、花卉の先達農家から日々学びながら農家へ対応する10年余りの指導員経験によって、稲と野菜の栽培に少々の自信が持てるようになり、3人の子持ちながら海外への虫が騒いだ。

　平成元年7月、農協を2年間休職してメキシコ合衆国のモレロス州に所在するサカテペック国立農業試験場にJICAの稲作の個別専門家として単身赴任した。当時2年間の休職は例がなく、理事会や職員間で物議を醸したが、組合長の誤断（英断？）で決まった。「組織には少々の変わり者が可」との考えのようであった。専門家採用には、JICA本部に勤務しておられた笹子実先輩のご支援を頂いた。農業試験場では、稲作を指導しながら、農協ではできない施肥に関する試験・研究と云う貴重な経験を2年間積むことが出来た。但し、40歳を過ぎた中年男には、一からのスペイン語修得は、極めて難儀な事であった。

　2年後の平成3年8月、農協に営農指導員として復職した。しかし農家の老齢化と後継者不足で更なる野菜・花卉等への転作は、限界を迎えようとしていた。農家に栽培技術や知識の指導をするのではなく、水を張った調整水田やコスモス（景観作物）栽培等を奨励する減反政策、寧ろ農家の利益に反する国策に同調せざるを得ない農協の中間管理職の立場に悶々とする日々であった。自分の技術や知識が真に必要とされる場所で働きたい、と云う思いが募った。

　平成11年1月、宿望を実践すべく50歳選択定年制度（平成7年の六農協合併に

よって生じた余剰人員の整理)を利用して22年間勤務した農協を退職した。次の職の当ての無い退職を妻は快く承諾してくれたが、息子が高校生と大学生、娘はまだ中学生、一抹の不安はあった。海外での職を求めて、県会議員、代議士秘書、JICA事務所、農大OB等を訪ね歩いたが、いずれも空振りであった。JICA本部訪問後、失意のまま、農水省に出向していた島根県の若い農業改良普及員を夕食に誘った。彼とは僅か2年の付き合いであったが、農水省の課長補佐を紹介してくれた。地獄で仏である。その後同期の農大教授、門間敏幸君の支援も得た。

ボリビアの焼畑稲作の播種風景。(棒で穴を開け播種)

平成11年7月から農水省の推薦で調査団員・短期専門家として4度(15日～1ケ月間)ボリヴィア共和国に赴任した。平成12年8月、JICAの技術協力プロジェクト「小規模農家向け優良稲種子普及計画」の長期専門家5名の内の一人(普及担当)としてボリヴィアに赴任した。私の業務はカウンターパート機関である熱帯農業研究センター(CIAT)の普及部職員と9つのNGO等組織の農業担当に稲栽培技術を指導し、彼らと連携して採種農家を育成してCIATが改良した陸稲の優良品種を小規模農家、特に焼畑稲作農家に普及することであった。焼畑稲作農家は毎年1～2ヘクタールの山林を伐採して焼き、7～8年周期で元の山林に戻る焼畑稲栽培をおこなっていた。彼らの多くは、衰退したポトシ銀山に代表される失職鉱山労働者や標高3,000～4,000メートルの高地・渓谷地帯の土地無し農民が、標高100～300メートルの低地サンタクルス州の原生林約100ヘクタールを政府から配分してもらって内国移住した人々であった。殆どの焼畑農家は、電気、水道、ガス等、インフラ設備の無い山林の中でポツンと孤立して自給自足の生活を営んでいた。

着任後9ケ月経過した平成13年5月、健康診断と、海外生活経験のために大学2年生を終えて一年間休学した次男をボリヴィアに連れて来るために一時帰国した。

しかし、思いがけず胃ガンと診断された。頭の中が真っ白になり、次に家族の顔が浮かんだ。まだ死ねない。6月に胃の上部四分の一を切除した。更に逆流性食道

炎を併発し、体重が 10kg 以上減少した。JICA の顧問医は、私の職場復帰の申請を当然の如く拒否したが、親切な（無責任な？）主治医に頼み込んで得た術後の診断書を楯に取って交渉し、手術5ケ月後の11月に次男を連れて再赴任した。他の4名の専門家は2～3年で交代したが、病み上がりの私のみが5年間のプロジェクト期間を完遂した。食材の調達も儘ならない田舎での単身・自炊生活であったが、小規模稲作農家の生活向上に、微力ながら少しでも貢献しようと苦闘した5年間であった。

　平成18年10月から21年10月までの3年間、JICA の技術協力プロジェクトの農業普及担当の専門家としてグアテマラ共和国で活動した。急斜面を這うようにして主食のトウモロコシ畑を人力で耕作して懸命に生きる農民の姿は、昭和30年代の父母の姿と芋粥や麦飯を食べていた当時の生活を思い起こさせた。

　既に還暦を過ぎていたが、平成22年から26年末まで、ボリヴィア、グアテマラそしてキューバ共和国に JICA の3つの技術協力プロジェクトの短期専門家として6度（1ケ月～6ケ月間）赴任した。赴任したそれぞれの国の現場で現地農業と農民の生活を学び、現地の人々と共に農家・農民の生活向上に取り組んだ。結局のところ、学生時代に志した農業技術の移転現場に、国内外合わせて40年余り一筋に身を置くことが出来た。成し得た事は極微小だが、各局面で人に恵まれ、各場面で悩み学んだ40余年だった。

グアテマラで女性グループへのトマト栽培研修。

　現在、世界には戦争や貧困、差別等で苦しむ多くの人がいる。基本的な権利や自由を束縛された政治体制の中で暮らす人もいる。不運にもたまたまそこに生まれたが故に、抜け出すことが困難な境遇に置かれた人が大勢いる。幸運にも平和で豊かな日本に生まれたが故に、凡才な私が上記の如く日本で、そして海外で自由に活動をする事が出来た。運否天賦。

　勤めながら同居の私の父母の世話をし、3人の子供を育ててくれた妻には、感謝、感謝である。胃ガンの手術後は、死をも覚悟した海外生活であったが、平成30年無事古希を迎えた。

海外農業協力活動
10 アフリカの稲作技術協力に魅せられて

栗田　絶学（昭和48年拓卒）

奉仕会を通して生涯の進路を見出し、国際協力路線の農業開発コンサルタントとして必要な能力と資質を具体的に記す。卒後、野菜栽培技術習得後、国連ボランティアで北イエメンに赴任。さらに米国留学、JICA専門家を経てODA開発コンサルタントに転身。68歳で引退するまで世界の途上国30カ国の農業・農村開発事業に従事。国際技術協力を志す人々には具体的な指南書となる。

1．はじめに

1969年に農業拓殖学科に入学以来、「農大奉仕会」に入会し、農村地域でのワークキャンプ、韓国派遣隊に参加して奉仕会OBが韓国の慶州郊外に位置する陰性らい病患者の社会復帰の村、希望村支援で立ち上げた国際奉仕農場の建設支援活動、韓国農村での援農活動等に明け暮れた。この4年間の学生生活を通して自分の感性を掘り下げ、生涯を賭けて進むべき方向が見出だせたことが最も大きい。貧窮にあえぐ農民の生計向上に己の人生を賭して自分を磨き成長していける生き方に大きな安らぎを覚える己の感性－即ちこれが情熱を持って生涯打ち込める道となるであろうことを理屈でなく身を以て実感できたことであった。卒業して45年の軌跡を振り返り、若い世代への進むべき道の参考となれば幸いである。

2．埼玉での4年間から国連ボランティア（UNV）で北イエメンへ

将来、途上国で活動すべく国内で数年間、農業技術を習得してから渡航すれば良いと安易な考えでいた。従って就職先が決まったのは、3月下旬で土壌肥料研の教授のつてで埼玉園試に圃場作業員として圃場試験の補助的作業を通じて研修することになった。1年後に応募したラオスの野菜隊員として合格したが、同国の政変勃発でバングラへの派遣変更如何とする通知が協力隊事務局より打診されて、自分の本意でなかったので辞退した。　そしてトキタ種苗に入社し、大利根育種研究農場で育種の基本である野菜の栽培技術を学んだ。

2年後に、北イエメンに協力隊訓練を経てUNVとして1977年2月に赴任した。配属先は、イエメン第二の都市、Taizに位置するFAO中央農業研究普及機関であった。同機関は、FAO専門家やUNVが一枚岩となって現地農民の農業収入向上に取り組む理想的な組織をイメージしていたが現実との乖離は大きく、他方、日本で習得した野菜栽培技術の知識・経験では、この灼熱の乾燥地の厳しい農業生産環境には対応困難な無力感を痛感した。

3．　米国留学からJICA専門家としてタイに赴任

このため、さらなるキャリアアップが必要とイエメンで模索していた所、JICAの海外長期研修制度を知り、任期を4カ月短縮して1980年10月に帰国し応募した。幸い、合格してJICA特別嘱託として1981年1月より農林水産計画調査部付けで1

年間、勤務することになった。この間に研修先を見つけて JICA の承認を得る必要があり、留学準備で無我夢中に突き進んだ。

1982 年 1 月にアリゾナ州立大修士課程で「栽培学的見地からの乾燥地農業」を専攻するために渡米した。講義は、学会誌の論文をベースとしたものが多く、語学ハンディを克服するために毎回、講義を録音して図書館で何度も聴きなおしてノートを整理することを日課とした。この間、同大学の TESL に留学していた小川朋子と結婚して長女が生まれ、1984 年 2 月の帰国時には 3 人になっていた。

帰国して 3 カ月後に JICA 専門家として東北タイのコンケンで開始された「東北タイ農業開発研究計画」に 3 年間赴任した。同計画は、三角協力として日・米・タイが協力して貧困指数の高い東北タイの農業生産性向上を目的に土壌・作物・農業気象に係る研究開発プロジェクトで業務調整を担当した。この間、次女がコンケンで生まれた。

4. ODA 開発コンサルタント業界へ

(1) ザンビア農業実証調査

1987 年 5 月にタイより帰国して 1 年間の浪人生活（つくばの農研センターで技術講習生）時、農大の故松野教授より、「国際航業(株)で稲作の要員を探している。栗田、稲作でザンビアに行かないか」と誘いが来た。稲作は、実習経験のみで二の足を踏むと「兎に角引き受けて行くように」との強い御達しで急遽、同センター谷和原圃場の稲作研究室に通い、水稲の俄か勉強を開始した。そして 39 歳になる 1988 年 7 月から JICA の「ザンビア農業実証調査」にコンサルタントとして参画して 4 年間の実証調査、その後のフィジビリティ調査（F/S 調査）で足掛け 7 年間、ザンビア西部州の稲作開発事業に関わった。

当初、コンサルタントとは「何ぞや」も分からず、首都ルサカから 600km 離れた西部州のカラハリ砂土が広がる辺境の地、Mongu に赴いた。調査団のミッションは、国際河川ザンベジ川の広大な氾濫原縁辺部の一角に実証調査圃場を造成し、稲作を中心とする総合農業技術の開発とそのための農地整備水準の確立を図り、将来の具体的開発の手段として重要な作物生産技術指針と灌漑／水管理及び農地整備指針を策定することであった。

圃場造成工事は、氾濫原縁辺部と中腹部に各々5ha と 2ha の実証圃場を整備して 1988 年 11 月より、水稲を軸とする二毛作体系の実証調査を開始した。氾濫原縁辺部は、黒泥・泥炭土層下に中粒石英砂が堆積する土壌が広がり、下から上がってくる水は、醤油のような色を呈していた。新規造成水田に畑苗代で育苗した苗を定植すると 1 週間で葉身が褐変して枯死した。考えられた要因は、黒泥・泥炭土壌の強酸性に起因する根からの養分吸収阻害、及び土壌に含まれる有機物分解過程で発生する有機酸等による害作用、要素欠乏等による生育阻害である。石灰を首都ルサカで調達して施用したところ、何とか稲が生育することが確認出来た。然し、生育後半

で秋落ち症状のゴマ葉枯れ病、いもち病などの多発で燦々たる結果であった。こんな問題土壌で稲がまともに育つのかと対策の見えない先行きに焦りと不安を覚えた。

「栽培技術開発」とは、被益者である現地小農の身の丈に合った実効性ある技術の系であることが大前提である。実証調査半ばで調査の進捗紹介で近傍農民を集めて現地検討会を開催した。参加農民の一人から「この整備された灌漑排水可能な実証圃場で我々に何を見せようと云うのか？ 我々の農地は畦畔もない氾濫原で水のコントロールは、一切できない。ここの結果を如何、実践しろ

ナムシャケンデ実証圃場で現地検討会開催

と云うのか？」と厳しいコメントがあった。この一言で農民に寄り添う視点からの技術開発の必要性を会得した。団内で現状調査結果を踏まえて日夜、議論し、仮説を立てて現地試験や圃場試験を経て検証を繰り返して漸く、1992年12月に「栽培技術指針」として取り纏め、ルサカで政府及びドナー関係者を招請して技術移転セミナーを開催して一区切りがついた。

初めての農業開発コンサルタントとして右も左も分からぬ中に、現場に飛び込み無我夢中で命題に取り組んでいく中に農業・農村開発事業の幅の広さ、奥の深さをひしひしと実感した。農民目線で事業推進の重要さを学んだ。事業全体の領域を見据えて小農の作物生産環境を取り巻く系で最適な資源配分を策定する能力が求められ、自分のキャリアビジョンが鮮明になりつつあった。学生時代に韓国の希望村で感じた想いが、このザンベジ河氾濫原で日夜取り組む命題と重なり、農業・農村開発事業の最前線でコンサルタントとして係われることに強烈なインパクトを感じる転機となった。

ザンビアには、家内と娘2人を3年に跨って3作期、同伴してMonguの雨漏りがする借上宿舎に他の団員達と共同生活を開始した。辺境の地には、もちろん日本人学校等はなく、家内が小学教育課程の教科書を基に長女に教え、日中は広い庭で犬、猫、鶏等と泥んこになって遊ぶのが日課であった。他方、Mongu一帯は、熱帯性マラリアの汚染地域で用心していたが家内を始め娘二人が罹病してしまった。次女は、南アフリカのヨハネスバーグに緊急搬送し

同伴家族：ザンベジ河氾濫原にて／1991.12

て 10 日間入院して何とか事なきを得た。娘達は、ザンビア生活の原体験が余程、強烈な思い出となったのか、海外志向が強く、留学を経て現在、米国、仏国で各々国際結婚して暮らしている。

(2)ルワンダの稲作協力事業へ

　ザンビアを皮切りに不惑を迎える目前に ODA コンサル業界に入り、国際航業、アジア航測、日本工営と 3 つの会社を経て 2017 年 9 月に引退するまでの 30 年間、「営農・栽培」をコアとする農業開発コンサルタントとして 30 カ国余の途上国で農業・農村開発事業に携わってきた。コンサルタントとは、「知的サービスを提供して対価としての報酬を得ることを職業とする者」を云う。ODA 援助の流れで「プロジェクト形成」から「実施」までを上・中・下流と大別するとプロジェクトファインディングから下流の技術協力事業まで様々な開発業務に参画する機会を得た。その中で、中・下流業務に該当するルワンダ（以下「ル」国と称す）の農業・農村開発事業（2006.5〜2017.9）について支援態様、農民研修アプローチ、及びプロジェクトの持続性について述べてみたい。

　政府間援助における JICA 技術協力のコンセプトは、受入国側のカウンターパート機関（C/P 機関）に技術移転を実施してプロジェクト協力期間が終了しても同 C/P 機関が受け継いでいくことを究極の目標に置いている。農業技術協力事業では、普及サービスを担う C/P 機関関係職員と裨益者の農民グループに同時に技術移転を進め、同 C/P 機関がプロジェクト終了後も普及事業展開を継承するシナリオで活動する場合が多い。被援助国が自国予算と人材で技術移転された事業を継承していくことを「内製化」と云う。ここが他ドナー諸国の支援方法と大きく異なる所である。即ち、他ドナーは、プロジェクト開始時にプロジェクト実施ユニットを組織してモノ、人材を民間から調達し、プロジェクト終了時に解散するので C/P 機関にプロジェクト実施のノウハウが残らないアプローチである。

　「ル」国で関わった JICA プロジェクト 3 本の中、1 本目は、複数のパイロットプロジェクトを立ち上げてその進捗経過を基に農業開発計画のアクションプランを策定する開発調査業務であった。残り 2 本は、裨益者の能力開発を目的とする技術協力事業である。この 2 本共に、コメ農協と C/P 機関の関係者に対して同時に研修を実施し、3 本目は、この普及事業を全国展開する小規模農家市場志向型プロジェクト（SMAP：2014.11〜2019.10）である。

　コメ農協の支援態様で SMAP が支援対象に選定した郡に、直接支援（SMAP チーム直営）と間接支援（C/P 機関：郡庁直営）の 2 方式導入が実施枠組みである。先ず、SMAP チームが 1 年間、選定した農協に研修を実施し、郡庁と MoU（覚え書き）を交わして 2 年目から郡庁主導で残りのコメ農協に研修を展開していく取決めである。郡庁主導の間接支援進捗は、郡予算執行、及び研修運営・管理業務で郡庁間の温度差が大きく予断を許さぬ状況である。郡庁の事業担当者である郡農務官は、郡農政の全般

にわたる業務推進で多忙を極め、進捗協議でアポを取るにも至難の業でドタキャンもしばしばであった。また、支援対象から漏れた郡以外の他郡にもコメ農協が存在し、SMAP 稲作普及を如何、展開するかが課題である。それ故、政府の普及行政が民営化で走り出した新体制で実効性ある普及関係ステークホルダーと SMAP の連携を進めて全国展開を模索している。

「ル」国は、地方分権化が進む中で中央から地方への強烈なトップダウン組織体制風土があり、ハイレベルな政策立案の中枢に SMAP チームが食い込むには様々なハードルがあり、ここに「内製化」へのアプローチの難しさがある。

他方、農民レベルの巻き込みは、農民との信頼関係を築く事が出発点である。普及する技術は、農民が営農する生産環境下で循環していく実効性のある系であることが必須である。支援農協に設置する展示・研修圃場を軸として実践と講義の体系的な研修活動を通して改良技術の効果を農民に実見させて納得してもらうことが信頼を得る第1歩となる。そのために、事業対象地域の的確な現状把握に基づいたニーズ分析を反映した研修計画の策定、実施、評価を通して関係者間で評価結果を共有して次の作期で改善すべき事項の道筋を示すことが関係者の意志決定を促し、実践意欲を鼓舞する要である。

苗代播種研修で水苗代の播種床作り実習　　水管理研修の実習で設置した簡易分水工

技術協力事業は、計画作りの開発調査業務と異なり、裨益者の能力強化であり、普及事業である。「ル」国の稲作技術協力事業の具体的イメージを構築するため、同プロジェクト開始前に隣国ウガンダの東部ウガンダ持続的灌漑農業開発プロジェクト／JICA に参画する機会を得て9カ月間、短期稲作専門家で赴任した。そこで農民の能力強化アプローチで実施されていた FFS（Farmer Field School；農民野外学校）をベースに木目細かい体系的な FFS アプローチ構築に取り組んだ。その経験が「ル」国稲作研修法の原点である。

「ル」国の稲作環境で実効性ある研修体系を構築するため、支援農協に設置する展示・研修圃場で苗代播種から収穫までの FFS を開発した教材を基に実習と講義、

研修振返りで構成し、その栽培研修に水管理、及び農民組織強化研修を加えたパッケージで実施した。さらに、研修ツアー、ベースライン・エンドライン調査、モニタリング、裨益者との合意形成 WS (Workshop；ワークショップ)、作期別中間・終了時に係る受益農民及び C/P 機関関係者を巻き込む評価 WS を PDCA サイクルに沿って運営・管理して行くタイトな現場作業である。

各 FFS の受講者は 80 名前後で C/P 機関関係者、支援対象郡の全コメ農協幹部、協力隊員等である。「ル」国は、公的普及サービスが脆弱で十分に機能しておらず、それを補完するために FFS - ToT (Training of Trainers) 方式を取り入れた。農民間普及と云うコンセプトで研修に参加する農協幹部が所属農協に戻り、習った稲作技術を他組合員に伝習する方式である。

Kirehe 郡 MRGC 農協谷内田で収穫研修を終えて

当初、この ToT 方式に左程、期待していなかった。然しながら、農協毎の指導技術の習得意欲が強く、農協単位で ToT に何らかのインセティブを与える動きが見られ、農協の底上げに大きな力を発揮していることが確認できた。

展示・研修圃場は、改良技術の農民への伝習の場であり、導入品種能力の検証、在来技術をベースとした改良技術の検証の場であり、稲作研修の基幹である。さらに収穫研修は、農民、農協のやる気を鼓舞する要である。即ち、展示・研修圃場の品種別面積刈を経て収量評価を参加者で演算し、単収増を実見して SMAP の改良稲作技術体系に得心するのである。

研修業務は、その妥当性を確認するための定量的・定性的な効果測定が欠かせない。農協の作期毎のコメ収支結果、研修参加農民の圃場別耕種概要聞取り調査、及び坪刈調査として刈り取った稲束用の袋を担いで毎作期、谷内田を上流から下流まで踏査した。これは、FFS で農民に指導したことの実践度合いを検証するためにも欠かせぬ作業であった。炎天下で収量構成要素に係る調査、木陰で手作業の脱穀を終えてキガリの宿舎に持ち帰り、庭で天日乾燥・風選後の収量解析作業は、常に週末である。斯様な作業を全てローカルスタッフと会社若手のチームで協働してきたので引き継いで行く人材の育成は、何とかできたと自負している。

終了時評価 WS で、農協幹部の「SMAP の改良稲作を受容し、組織的に組合員を鼓舞して実践した結果、単収増による収穫量が増加した、組合員の収入が増えた」等々の報告に全力で研修業務に取り組んできた努力が報われ、素直に嬉しかった。彼等の内発的行動を誘発できたことが何よりも仕事への活力となった。政府間合意枠の所与の条件下で、実効性ある研修体系の構築とそれを受講した稲作農民が持続的に改良稲作技術を実践していく流れを「ル」国に微力ながら残せたと自負している。

国際協力路線で農業開発コンサルタントを生業として行くには、自分のコアとなる技術を磨き、援助関連知識も含めてコア技術に関連する学際的分野にも精通しておく必要がある。如何なる農村現場に入ろうとも幅広い知識・経験を基に農民目線に即した最適な系の実施計画を策定する視点、調査・解析能力を養うことが必須である。且つ、計画を実施・運営・管理していく能力、その評価結果を取り纏め、事業関係者と協議して動かす能力・資質が求められる。言わば人間の総合力が試される職業であり、自彊不息の体現である。

5. 引退して第二の人生

68 歳を過ぎた 2017 年 9 月末で現役を引退し、人生 100 年と云われる長寿社会となり、これから如何、余生を生きるかで長年温めてきた事がある。それは、これまでの途上国の国造り支援から、自ら農業に取り組み、生産者の視点と技術を磨くことである。追々、ODA コンサル業界の若手にも土に触れる場を提供し、地元で農を通して貢献出来ることを見つけて実践することを目指す。

2018 年 3 月下旬に地元、柏市の農村地域の一軒家に移住し、現在、自然生態系に畑環境を近づける有機農法を軸として 1 反余の畑を耕作し、小野賢二先輩の指導を仰ぎながら 6 羽の自然卵養鶏を始めた。自然の理に適った質の高いものを生産すべく、日々汗を流して工夫して行く農業の楽しさを味わっている。独り農業の神器である軽トラとディーゼル耕運機を入手し、畑地管理ができる見込みがついた。土や作物に触れる生活が実に楽しいのである。

2019 年 8 月に古希を迎える。気力・体力的にまだ 10 年は行ける自信があり、丈夫で頑健な身体に産んでくれた両親に心から感謝したい。また、長年単身赴任で留守を預かり、しっかりと 3 人の子供を愚痴一つ言わず育ててくれた家内には感謝以外にない。

最後に若い世代が自分の進むべき道を見つけ、進む上で自分の経験から「人との出会いを大切に己の可能性を信じ、感性に根差したキャリアビジョンを強くイメージしてそれに近づく行動を続ける限り、夢は必ず実現する」格言を贈ります。

海外農業協力活動
11 半生の反省記

伊藤達男（昭和49年拓卒）

　1972年4月3年時に4ヶ月間、バングラデシュ農業復興奉仕団で田植前の代掻き作業に参加。卒業後協力隊隊員としてラオスで2年間稲作に従事。帰国後、戸松正（昭和45年拓卒）が主宰する「帰農志塾」で3年間有機農業を学ぶ。その後タイ、エチオピアで農村復興プロジェクトに参加。茨城県常陸太田市で就農する傍ら農村社会学を研究し農業の魅力を発信。

はじめに
　再び北方領土を巡って日露交渉が動き出したようだ。私の母は北方領土である歯舞群島の志発島に生まれた。6歳の時に家族と樺太に渡り10年ほど暮らしたが、戦前北海道に移り住んだ。私は釧路で生まれたが、父は国鉄職員で転勤が多く、そのため私の小中学校時代は何回も転校を余儀なくされた。その後も国際協力などの仕事で移動の多い人生になった。馴染みのない土地へ行って新しい生活と仕事を始めることは簡単なことではなかったが、何とかやってくることができた。家族の後押し、農大奉仕会での活動、国際協力という仕事、農業を営む農村での暮らしなど、多くの方々に教えられて今があると思っている。

(1) 農大奉仕会にて
　高校卒業後の進路を考えていた頃、アジア・アフリカの飢餓について新聞やテレビ等で頻繁に報道されていた。父のように建築の道に進むか迷ったが、農業技術を習得すれば、飢餓に対して何かできることがあるのではないか、そして世界のどこへ行っても食いっぱぐれることはないと考え農業を志した。極めて単純な動機でった。

　農大奉仕会では、ワークキャンプや援農に明け暮れた。その中で、どうして国際協力なのか、なぜ農業なのか、そもそも人間とは何か等のミーティングが繰り返された。いつもスッキリした唯一の解答があるわけではなかったが、刺激を受けることが多かった。暗中模索が続いた中で、栗田先生の言葉や文章は、私に明確な方向を与えてくれた。

　例えば、「農民の中に入ろうとする者が、農業を知らずして、何を説こうと、それは、一片の空念仏にすぎない。困窮に喘ぐ農民大衆には、先ず、共に生きる方法、土の上に生き得る方法を相共に営む生活の中から説いてこそ、農民は素直に喜んで、耳を傾ける。真実の信頼は、そこから出発し、信頼は一切を解決する」。
「個々が独立の存在であるならば理解はありえない。存在という各人相互の共通基盤に立って、本来は同一である人間の生き方を追求する」。
　しかし、その哲学を深く理解して実践することは難しかった。私は在学中、韓国派遣隊に2回参加した。国際奉仕農場と希望村での農業実習は、どんな姿勢で国際協力に臨むべきかを直接学ぶことができた。そして3年の時には、日本キリスト教

協議会によるバングラデシュ農業復興奉仕団に農大奉仕会から石川久、梶谷満昭の両君と共に参加した。それはバングラデシュがパキスタンから独立して間もない1972年の4月のことであった。独立戦争の過程で多くの耕作用の牛も犠牲になったが、田植え時期が間近に迫り代掻き作業が急務であった。日本からの援助で届いていた数十台の耕転機が港の倉庫に眠っているという情報を得た日本キリスト教協議会は約50名の青年ボランティアを派遣したのである。その耕転機でバングラデシュ各地で代掻き作業を実施すると同時に、機械操作や修理技術を現地の人々に伝授することが目的であった。建国の熱気で国中が湧きたつ中、4ケ月間ほど活動した。

　バングラデシュはガンジス川などで形成されたデルタ地帯で国土の大部分は標高が極めて低い。そのため頻繁に洪水やサイクロンの被害に晒される。私たちが活動した南部のボリサル県は、農家の家屋は大地を掘って嵩上げされた土台の上に建てられている。土を掘った跡が池になる。道路も盛り土され、両側は水路となる。運河や河川が多い地形のため、耕転機の移動には、船を使うこともあった。小さな船に耕転機を乗せるのは、ちょっとした曲芸をやっているようなものだ。ある時、勢い余って耕転機を水の中に落としてしまった。それが何故だか故障もせず簡単に動いたのには驚いた。農家や小学校の教室に寝泊まりし下痢に悩まされながらも、充実した日々を過ごして帰国した。

　帰国の挨拶のため栗田先生にお会いした。その時、先生はどれほどの面積を耕転したのかと尋ねられたが私は答えることができなかった。記録の大切さを諭された。また現地の人々の仕事や生活ぶりについて聞かれ、日中はゴロゴロして仕事をせず時間にもルーズだと報告した。それに対して先生は、君は朝早く起きて現地の人々が働いている姿を見なかったのかとたしなめられた。私たちは異文化に接触した時に、彼らは「怠け者だ」とか、「自分勝手だ」とか一面だけで分かったような気になりがちだ。いつの間にか私も自分の視点からしか物事を観察しない人間になっていたように思う。

(2)国際協力に従事して

　かろうじて大学を卒業して海外技術協力事業団(国際協力事業団の前身)の内原国際農業研修センターで研修した後、青年海外協力隊に参加した。ベトナム戦争終結直後の1975年から2年間ラオスに稲作隊員として派遣された。赴任してから間もなく王制に代わり共産政権が実権を握った。政治教育や集団作業に加え、赴任した稲作試験場の同僚は、増産運動のため田舎に送られ、マラリアに罹って帰ってくるも者もいた。経済も混乱して通貨も不安定だった。メコン川対岸のタイからガソリンが入ってこなくなることもしばしばであった。首都ビエンチャンは徐々に寂れていった。約30万人が難民として国外に流出したと言われている。実に国民の10分の1の割合である。

　ラオスから帰国してからしばらく、向井孝男君が経営していた安全食品普及セン

ターで働いた。これは主に東京都下の国立市や立川市で生産された有機野菜を地域の会員に宅配する仕事であった。しかし流通より生産がしたくなり、戸松先輩の農場に世話になることになった。国際協力の仕事と国内での就農の間を迷いながら、農業技術をしっかり身に付けていれば、どこでもやっていけると思った。「有機農法は自然界に於ける生命連鎖の法則に基づき、作物の生育する環境を理想的条件に近づけ、作物を最も健全な状態におこうとする農法である」と栗田先生は指摘している。

帰農志塾での実習を通じて、有機農業は農業の基本であり、特に堆肥を施用して土作りに励めば、それに作物は応えてくれることを知った。さらに生産者と消費者が直接結びつく産消提携の意義と両者の信頼関係の構築が有機農業の継続には不可欠であることを学んだ。ここで国際協力を目指して有機農業を学びにきた妻と出会うことになる。

帰農志塾を3年で卒塾して、タイで2年間コーヒー栽培事業に携わった後、エチオピアに3年半ほど滞在した。日本のNGOの草分け的な存在である日本国際ボランティアセンター(JVC)が実施する農村復興プロジェクトに参加したのである。エチオピアは1982－85年、旱魃により深刻な飢饉に見舞われた。かつて国土の半分以上は森林に覆われていたが、1960年頃には16%を割り、さらに数%まで激減している。気候は標高によって大きく変化するが、年間の平均降水量は1,000ミリを超え、その降雨は雨期に集中する。年による変動も激しく、度々旱魃が発生する。高原は禿山同然で、集中豪雨は農地を侵食し表土を流失させる。農民は露出した石がゴロゴロする傾斜地の畑を耕して暮らしている。家畜の糞は乾燥させて燃料に使われるので、農地に有機物はあまり

帰農志塾での筆者の結婚披露宴：栗田先生から祝辞を頂いた。

還元されない。豆類と麦類の輪作で辛うじて地力を維持するギリギリの農業が続けられている。植林・土壌侵食防止・農業教室・栄養改善・道路補修など多様な活動を展開したが、過酷な自然と不安定な政治状況下で、期待したような成果を充分に上げることはできなかった。エチオピアでは旱魃の度に、農民は飢饉に苦しみ食料配給する難民キャンプに押し寄せる。彼らは環境難民と呼ばれた。「人はどうして自分たちが依存する環境を壊すのだろうか?」、エチオピアで活動して疑問は深まるばかりであった。

　オランダで2年半ほど学んだ後、1993年からJVCによるベトナム中部の「フエ省における参加型農村開発プロジェクト」を担当した。フエ省は地形的に多様で、海岸部のやせた白砂地帯、ラオス国境の山岳地帯(ホーチミンルート沿いに少数民族の集落が散在している)、その中間地帯はベトナム戦争中の枯葉剤散布によって森林が消失して草原地帯になっている。白砂地帯の農民は、入江の水草や豚糞など大量の有機物を投入してキャッサバやサツマイモを栽培していた。このような努力が砂地での農業を可能にしているのである。一方、山岳地帯の少数民族の人々は、焼畑農業を止め定着していたが、安定的な農業を実現するには至っていなかった。プロジェクトで等高線農業や草の根獣医システムの導入などの支援を行った。一定の成果が上がったので7年半に及んだプロジェクトを終えて帰国したのは2001年だった。

(3)過疎地で就農して

　地に足のついた生き方をしようと、帰国してから半年ほど関東圏内で友人や知人を頼って就農場所を探し歩いた。日本の農業農村が抱える問題が見える過疎地に絞った。最終的に移住したところは福島県境の茨城県里美村(現在は常陸太田市里美地区)だった。周年野菜栽培が可能であることが条件であるが、農地よりも空き家探しを優先した。住居を確保できれば、農地は何とかなると考えたからである。里美地区は農業の後継者不足や耕作放棄地の拡大など中山間地域が共通に抱える課題の最前線である。贅沢を言わなければ、直ぐ農地は借りられた。

　農村に移り住んで農業を始めるということは、その地域社会の一員になることだ。地域でどう生きていくか。就農は住む地域に就職するようなものだから、農村に溶け込む努力は欠かせない。その農村とはどんな所だろうか。栗田先生は日本の農村について特に社会学者のきだみのる氏の著作を読むように言われた。「世界に最も誇るべき社会の原点は日本の農村にある」。犠牲者の出ない様にできている社会、全体が生きていける様な社会であると、その学ぶべき理由を話された。ここで、いくつか日本農村の特質を挙げてみたい。

〈きだみのる:社会学者〉

　「部落の生活で根幹的に大切なことは何か。それは部落が何事につけても一つに纏ることだ。これは協調、協同、協力、封建的な言葉でいうと和を予想する。如何に部落が小さく、(中略)親しさの雰囲気の中にあるといっても、すべての問題にす

べての住民がすべての機会に常に同じ意見であり得ないことは明らかだ。したがって部落が一つに纏るには他に対する自発的服従或いは自己制限が必要となる」。

〈宮本常一：民俗学者〉

「村の中のだれかが富み、だれかが没落していくということは、村としてはよいことではなく、そのためには、村のおきては忠実に守るようにした。今日のように村の中で没落していっても、よそへ出ていって、よい職業とよい生活を見いだす機会のすくない場合は、たとえ貧乏はしていても、没落者を出さないことが何より大切であった」。

〈山下惣一：農民作家〉

「村のなかから抜きん出ようとする者に対しては足を引っ張り、落伍しようとする者に対して手を引いてやる。そういったところが村にはやはり濃厚に残している」。

昔の村には、他人の視線を意識して生きることを強いる空気もあったようだ。しかし時代は流れ人々の移動と経済活動が活発になると、人々の意識も変化する。仕事など外部との関係が重要になるにつれて、内部の住民同士の絆は薄くなっていった。個人を束縛する閉鎖性は希薄化したが、若者は職を求めて村を去った。

私たち夫婦は 2002 年借地借家で農業を始めた。農地も地主も少しずつ増えていった。現在は約 20 人の地主から総計 1.5ha の田畑を借りている。その農地は細分化され分散している。就農して数年経った新年の集まりの時に、「どこに骨を埋めるつもりか」と隣席した村人に聞かれた。「あなたが墓をどこにするかによって地元の人々の付き合い方が違ってくる」という意味のことを話してくれた。よそ者がどのような心構えで暮らし地域の人々と付き合うか、周囲から見守られているのである。ここで生きる本気度死ぬ覚悟次第で、村人になれるか否かの岐路となるのだろう。

おわりに

当地で就農して 17 年が経過した。地域に溶け込みながら地道に農業を続けている。若者や子どもの姿は少なく、周りは自分を含めて年寄りだらけだ。80 歳を超えても現役で農作業をしている。農業をしていて常々思うのは、日本は農業の適地であるということである。気候にも恵まれ市場も遠くない。雑草も生える豊かな土壌、台風があるとはいえ年中適度の降雨量があり、気温も穏やかである。このような農業条件に恵まれた所は、ざらにはないだろう。若い頃はアジアやアフリカのいくつかの国で、農業農村開発のプロジェクトに携わった。その中で知ったことは、どこも厳しい環境の中で農業が営まれているということである。

都会だけが若者の生きる所ではないと思うが、進学や就職で他出した若者たちはなかなか故郷に戻ってこない。県内の農業先進地域を訪問した際、農家出身の農協職員が、「農業の一番の問題は、農家が子弟に農業を継がせたくない、娘を農家に嫁がせたくないと考えていることだ」と指摘した。日本の農業農村は衰退の危機にあ

る。世間に農業の大変さは知られても、農業の魅力が伝わっていない現状を、農業者は反省しなければならない。有機農業であろうとなかろうと、農家出身であろうとなかろうと、若者の就農が期待されている。農業で儲けることは容易ではないが、稼いで生計を立てる事はできる。農業は楽しくやりがいのある仕事だということを若者は知ってほしい。

〈参考文献〉
　栗田匡一　　：「栗田匡一博士遺稿集」平成2年(1990年)
　きだみのる　：「にっぽん部落」　　　岩波新書1967年
　宮本常一　　：「復刻版村の若者たち」家の光協会2004年
　山下惣一　　：「日本の村再考」　　　社会思想社1992年

第9次韓国派遣隊。農家実習を行った鉢三里で。
前列左から3人目が筆者、隊長を務めた。

海外農業協力活動
12 ジャワ島緑茶プロジェクトに携わって

久保明三（昭和 50 年拓卒）

25 歳から 39 歳まで 14 年 5 ヶ月間、インドネシアのジャワ島で緑茶プロジェクトに従事し、拓殖原論の「ゴリラの如く遅しく、英知と愛に満ちた人間たれ」を理解した。赴任中は多くの先輩・後輩と交流、人の絆のつながりを大切に。インドネシアは第 2 の故郷。栗田絶学先輩から譲り受けた旧日本高等国民学校・加藤完治先生の「臨事莫動心」が心の支えだ。

　昭和 50 年 3 月に東農大を卒業して 43 年になります。思い起こすと東農大では「奉仕会」に所属し年間 150 日は国内、海外（韓国）の研修合宿に参加しました。4 年次は就職活動もせずに 7 〜 8 月にかけて大学入学の一つの目的だった パプア・ニューギニア で戦死した伯父の遺骨収集に出かけました。結果的にどこかに就職するという雰囲気を感じることなく、卒業前の 2 月になって静岡県立茶業試験場の農林大学校の栽培研究課に入学させてもらいました。海外で農業活動をすることの夢を追って東農大に入学し、卒業後も何年か海外活動したい「海外で活動するためにも技術が必要＋長男のために将来静岡に戻る＝茶業技術」と言う方程式で過ごした農林大学校での 1 年間でした。

　結果的には 25 歳から 39 歳まで 14 年と 5 ヶ月間インドネシアのジャワ島で緑茶プロジェクトに携わりました。このプロジェクトは某商社がインドネシアを拠点に利益分から将来を見越して新しいプロジェクトを立ち上げようということで、エビ養殖、養鶏、緑茶の 3 プロジェクトを立ち上げたうちの一つです。前任者は現地在住 5 年目の岡本至さんと言って静岡出身で東農大農学科 43 年卒の青年海外協力隊 OB（フィリピンで野菜専門家）の方です。

　2 代目として引き継ぐにあたり二人で 1 年間現地の電気水道無しの民家を借りて、午前中は茶園管理、午後は自分の宿舎、工場の建設活動で発電機をつけて毎晩遅くまで建物造りをしながらの生活でした。日曜日は週に一度の風呂浴び、朝は農園に来る物売りのお菓子や揚げ物を食べ、昼はインスタントラーメン、夜は日本から送られた食料を食べるという生活で、水も合わないこともあり赴任してから 2 箇月で 8 kg 痩せました。現地はジャワ島でも紅茶栽培の有名な地域でバンドンから南へ 90km、標高 1,250m でジャガイモ、キャベツなどの高原野菜の生産地域でした。オランダ統治時にはマラリヤの特効薬キニーネを栽培していた土地で、当時もキニーネは栽培しておりました。

　この緑茶プロジェクトは最終的には約 50ha の面積にアッサム茶 5 ha、日本茶 34ha を栽培しましたが、品質は東京都の品評会で銀賞を取るほどの品質の緑茶が製造できましたが、摘採収量は期待した半分も上げられませんでした。

1973年から「やぶきた実生」の輸入から始まり、苗木の輸出が禁止される1975年まで早生種の「やまかい」、有名な「やぶきた」、晩生種の「かなやみどり」の3種の苗木を輸入しました。私が赴任した時には4種類の幼木圃場が3ha、アッサム茶園3haがあり、輸入した苗木の試験栽培（母樹園）つくりと挿し木試験が中心でした。畝間には前任者の専門である野菜つくりをしていました。前任者との引き継ぎ1年間で、前任者が工場・宿舎の建物造り、私が茶園管理を担当することで開始しました。前任者が実施していた日本式の挿し床を作っての挿し木では移植時の活着率が悪いこと、また、穂木の選抜ということで、次年度以降の面積拡大計画を目的に3haの幼木園の剪定から開始しました。近隣に大きなエステイト（1農園1,000ha規模）があり、時間を見つけては見学に行き、特にチューブ式の挿し木の方法や剪定・仕立て方法を教わりました。当時の静岡県立茶業試験場・大石貞夫場長の「郷に入らば郷に従えで、インドネシアに合った方法で茶園管理するのが一番。無理して日本スタイルにする必要は全くないと思う。」と研修生当時教えていただいた。移植作業時の根の損傷を回避し活着をスムーズにする方法を取り入れ、できるだけインドネシアスタイルを真似るよう取り組み、毎年3〜4haずつ面積を広げてきました。赴任1年後で前任者が完全帰国し、工場も完成して日本から緑茶製造機械を輸入し試験操業が開始しました。現地は雨期入りが11月のために、その1箇月後に新芽が出て日本でいう一番茶が摘採でき、二番茶ができる2月までの緑茶を輸出して日本の一番茶の生産時期前に到着することが目的でした。日本の3月、4月は国内在庫も

山梨県金峯SCI農場でのガイダンスキャンプで。前列右から4人目、角刈りが筆者。肩を組んでいるのがは、文中にも登場する岩澤貞夫。

少なく需要が高い時期だからです。インドネシア国内販売（日本レストラン、食品マーケット）、日本への輸出業務を行う中で苦労も感じず、楽しく、夢であった海外活動ができました。

　活動をする中で農業拓殖学科の「農業拓殖原論」で津川先生から教えていただいた「拓殖人たるもの、ゴリラの如く逞しく、英知と愛にみちた人間たれ」（農業拓殖原論の試験はこう書いて単位「良」をもらいました）と言う意味が理解できたような気がします。親会社から干渉され、企業利益に縛られることなく小規模ながら独立採算のとれた農業プロジェクトですが、自分一人で何でもやらなくてはならなかったことで毎日が充実していました。在任中には「インドネシアの山奥に日本人がいる」ということでいろいろな職種の人が尋ねてこられました。松脂を探していた残留日本人、大学の微生物研究所の教授、ジャカルタ日本人会の家族などでいろいろな方からいろんな話を聞くことができ楽しかったです。東農大奉仕会の後輩達も隊を組んで応援に来てくれ、村の人達のために坂道を修理して喜ばれました。ジャカルタへ出かける途中のチアンジュールには、農業拓殖 47 年卒の佐久間勝先輩が現地の華僑の方と結婚されて、日本野菜を栽培・販売されていました。この先輩が経営している日本食スーパーで「産地直送」を売りに 100g、200g 詰の日本茶や特製玄米茶、アッサムほうじ茶を売っていただきました。恐い話ですが、現地で夜中の 12 時に発電機を止めた途端に 8 人組みのピストル強盗に入られ身包み取られ新聞沙汰になった時には、翌日から村の人達が夜間警備隊を作って警護してくれました。村の人は全員イスラム教徒で毎日 5 回のお祈りを欠かせません。純朴で欲もなく、休日の昼時に遊びに行くとサツマイモやキャッサバの蒸かしたものを出してくれました。

　このような生活の中で父親との約束の 5 年間を迎えましたが、工場内への冷蔵庫の建設や本格的な輸出業務が始まり、独立採算できる体制にもっていかなくてはならないという遣り甲斐から、あと 5 年間の延長許可をもらうために父親を現地に招待した。最終的には 14 年半インドネシアに滞在する結果となりました。その間日本で結婚し妻子と 5 年間生活し、最後の 2 年間は JODC（財）海外貿易開発協会の長期専門家として支援を受けての活動となりました。

　韓国国際奉仕農場で海外活動の原点を教えてくれた千葉先輩が農場を訪問してくれ、プロジェクトの運営管理や一番重要な村とのかかわりについて教えていただき評価を受けました。いろいろな思い出が浮かんできますが、同地区の華僑の友人から新しい養蚕プロジェクトの立ち上げで日本から来ている専門家にあってほしいということでその専門家といろいろな世間話や強盗にあったことなどの話で盛り上がりました。数年たって日本に帰国した折に、ブラジルから一時帰国した岩沢君と電話で話す機会があり、その時に、「ブラジルで逢った養蚕の専門家から久保さんのこと聞いたよ」という話で世間の狭さを思い知らされました。緑茶プロジェクト農園

PT. BUMI PRADA は帰国後商社がインドネシアの華僑系商社に売却し、現在は西ジャワ州バンドンにあるインドネシア緑茶協会会長の手に渡り継続的に日本茶の製造販売を行っています。静岡で開催される「世界お茶まつり」に会長が参加される時には静岡で逢って現地の様子を伺っています。
　1991年12月に完全帰国しましたが、自分の中ではインドネシアは第2の故郷で、AFS活動でインドネシアの高校生をホームステイさせたり、その子の結婚式に参加したりと帰国してから4回訪問していますが、いつ行っても何の抵抗もなく、実家にかえったような感じです。
　帰国して現在は自宅の牧之原市相良から片道22kmの藤枝市の明治製菓㈱のアーモンドチョコボールなどのナッツ類を加工する「東海ナッツ㈱」に勤め27年目になります。インドネシア緑茶プロジェクトの出資者の紹介で入社し、静岡県立茶業試験場に入った帰国後の、方程式通りの茶業関係への就職はしませんでした。海外から輸入したナッツを取り扱っているために関連する会社の中でも、「東農大つながり」、「インドネシアつながり」があり、これからも継続して人と人との絆を造れるように「つながり」を大切にしていこうと思います。
　栗田先輩が岩崎マンションに下宿されていた時に壁（ベニア板）に貼られていた内原国民高等学校の40周年の手ぬぐいで加藤完治先生が書かれた「臨事莫動心」が今での我家の玄関に飾ってあります。栗田先輩から譲り受けた時にもすでに黄ばんでいましたが、インドネシアの部屋の扉に掲示し毎朝唱えたものです。15年は長いようで短かったのはこの「臨事莫動心」が支えてくれたと感謝しています。

押忍

「臨事莫動心」と書かれた日本高等国民学校(現日本農業実践学園)創立40周年の手ぬぐい

海外農業協力活動

13 ブラジル便り・奉仕会追想

岩澤貞夫（昭和 51 年拓卒）

中村啓二郎氏の言葉をきっかけに養蚕を学ぶ。「模範的農業経営を実践することが農業移住の意義」が栗田先生の言葉。民間会社への就職というかたちでの移住となり、選んだ道は蚕の品種改良：ブラジルの地に適した蚕品種を育成し、その技術をこの地に根付かせること。栗田先生から贈られた「五万節」を携えて渡伯、あれから 42 年の月日が流れた。

　1977 年 2 月、当時の奉仕会メンバーに見送られ羽田空港を発ち、あれからこのブラジルの地に 42 年の月日が流れた。「去る者は日々に疎し」と云われるが、サンパウロ州奥地のバストスというこの小さな町で過ごすうち、だんだんと仲間たちとも疎遠になってしまった。

　そんな折この 1 月、同期の小原正敏兄から住所確認の手紙が届いた。また、昨年営まれた栗田匡一先生 33 回忌と OB 会のファイルを受け取ることができ、思いがけない知己との再会を果たせたのだった。面影をたどって写真を見ていくと、当時の記憶が徐々に甦ってくるのと同時に、今の自分があるのは皆との縁、絆があったればこそと改めて思うのである。以下は、ブラジルに渡ることになったいきさつを中心にした、小生の記憶に刻まれている当時の思い出ばなしである。文中、ご当人には記憶にないエピソードであろうが、承諾を得ぬままお名前を使わせてもらっており、そのご無礼をこの場を借りてご容赦願います。

　追想と云って最初に思い出すのが、大学入試 2 日目の面接担当官が栗田先生であったことだろう。質問の中、『ベトナムへ行けと云われたら、行けますか？』。今の自分は専門技術を何も持たないのでと答え躊躇すると、更に『それを問題としなければどうですか？』。一瞬おふくろの顔が頭をよぎったが、その場の勢いで「はい」と答えたものだった。

　同期入学の奉仕会 13 期は、OB 会の写真にある市丸浩、松浦良蔵、後藤哲、前出の小原ら諸兄のほか 12 〜 3 名あり、会も総勢 30 名余の大所帯になった。何と云っても同時代のメンバーは、ワークキャンプで寝食を共にするのだから、自己形成の上からも影響は大きく、忘れ難いものである。それにしても、名簿を見、何名か物故されているのを知り、さびしい。

　部室代りの奉仕会（岩崎）マンションは、ひと時期小生も住人であったが手狭で、定例会などミーティングには総合研究棟の 309 号室が充てられた。ここでは栗田ゼミも行われ、毎回先生が、新聞記事の中の何気ない社会の出来事を取り上げ、その深層まで掘り下げて読み解き解説してくれる。物事を自分の目と頭で、客観的かつ公正に視て考察し、判断せよとの教えである。小生自身、その「おやじの背中」から学んだいちばんは、あの厳然としてブレない人間性や生き方だと思っている。

　小生が今の道に進むきっかけとして、中村啓二郎先輩のことに触れねばならない。

戦争終結以前のベトナムから一時帰国されていた中村先輩は、『学生時代に専門を決め、基礎からしっかり勉強しておけ』を繰り返し強調されていた。ある時何かの話の端に、ボンビクス・モリ（*Bombyx mori*）と小生が云ったのを聞きとがめられ、『カイコの学名を知ってるとは大したもんだ』、そして『そうか昆虫が好きか、それなら昆虫を勉強せい』と。どういう経路で話をつけてこられたのか、ほどなくして農学科の昆虫研究室（澤田玄正教授）に越境入室を認めてもらったのである。

昆研では、当時博士課程にあった佐藤茂、岡島秀治（後に教授）両先輩らの世話になった。お二人は相談して、小生が海外技術協力を志向しているので、手に職を持たせた方がいいとなった。そして佐藤先輩の研究先の縁で、当時高円寺にあった蚕糸試験場の赤井弘博士（後に農大客員教授）の研究室での実習を取り付けてくれ、大学の傍らここで2年間、カイコの飼育を手伝いながら養蚕について学ぶことができた。このようにして今に続く道筋がついたが、カイコと奉仕会とは案外縁が深く、養蚕専門家であった中村先輩のほかにも、2年生の時に参加した韓国隊でお世話になった地曳隆紀、いく子先輩ご夫婦、千葉征男先輩の国際奉仕農場でも養蚕を取入れていて、希望村向けの稚蚕共同飼育事業を行っていた。

養蚕と云えばまずアジアを連想し、「なんでブラジル」と意外な印象をもたれるが、実は当時の小生自身もそうであった。『ブラジルで教え子が養蚕やってるけど、聞いてみるかね』、蚕糸試験場での縁で都立農芸高校の森精博士に声を掛けてもらったのが、卒論もまだ纏まらず、就職も決まらぬ4年生の冬であった。木枯らしの吹く中、等々力の農芸高校を訪れ、森先生の研究室でカップ酒をご馳走になりながら、ブラジルに送る履歴書を書いたことを思い出す。1976年当時は、技術協力と雖もアジアへの道は閉ざされた状況で、先のことまで深く考える余裕もなく選択した道だった。

そしてブラジルへ。ブラジルには周知のごとく農大出身の移住者は多く、校友会の支部がサンパウロ市に置かれ、その運営を伯国農大会が行っている。サンパウロ近郊のグアルーリョス市にある墓地には、杉野忠夫先生、栗田先生の分骨されている追悼の碑（添付写真、移住百年史から複写）があり、会主催の慰霊祭が毎年催されている。伯国農大会には、小生も名簿の末席に名を連ねさせてもらってはいるが、今まで催しに参加するなどの緊密な交流はない。齢もいって会社勤めもそろそろリタイアが近くなり、これからはいろいろ行事にも参加させてもらい、奉仕会同様、みなさまとのご縁と絆を深めさせてもらいたいと思っているところである。以下は、その伯国農大会の編纂による記念誌「移住百年史」に寄稿したものである。ブラジル農業のうち養蚕部門について書くようにとの勧めによるもので、ここにはそのあとがきの部分だけを引用し、本稿ブラジル便りの終わりとしたい。

（以下引用）
農大五万節に詩をつけて贈ってくださった栗田匡一先生の色紙を携え渡伯してか

ら、ブラジルの養蚕に関わって30数年間が過ぎたことになる。

　「模範的農業経営を実践すること」が農業移住の意義、と私の質問に答えてくださった栗田先生の言葉があるが、民間会社への就職というかたちでの移住となり、私がここで選んだ道は、蚕の品種改良、このブラジルの地に適した蚕品種を育成し、その技術をこの地に根付かせることであった。

　そもそもこの道に進むについては、農大奉仕会の先輩にもあたり、ベトナムでコロンボプランの養蚕専門家をされていた中村啓二郎先輩（拓殖1965年卒）の影響が大きい。氏は著書『ベトナムの生と死』の中で、「私は、養蚕専門家である。いい蚕をつくり、いい糸をひく。その国の気候や風土を考えながら養蚕のレベルをすこしずつ高めていく。そのことは、ほんの小さなことであるかもしれないが、確実にその国をよくしていく…」と記しているが、この言葉は私にとってその後のよりどころとなっている。

　社会的経済的構造の変化という時代の流れの中で、ブラジルの養蚕業も随分と縮小してはしまった。しかしながら、日系移住者が残したおよそ100年に渡る足跡は燦然と輝き、国際協力という視点からは、技術移転の成功例のひとつに挙げられよう。養蚕に適した土地、気候条件、先人移住者たちの努力によって着実に根付いた技術、ベースとなる条件は揃っているのだ。農大移住史に重なる歴史をもつこのブラジル養蚕業を、何としても次の100年に繋げたい。

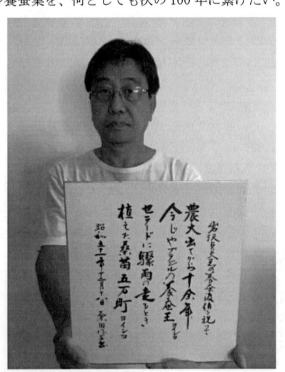

渡伯記念に栗田先生から贈られた色紙

岩澤貞夫君の養蚕渡伯を祝って
農大出てから十余年
今じゃブラジルの養蚕王ヨイショ
セラードに驟雨の走るとき
植えた桑苗五万町ヨイショ
　　昭和五十一年十二月十八日　栗田

海外農業協力活動
14 奉仕会から 40 年が経って

伊藤秀雄（昭和 52 年拓卒）

フィリピン大学、ガーナ、インドネシア、東ティモール等で活動するうちに「厳然たる縁」が
ある事を確信した。フィリピン西ミンドロ州の母とも慕う州知事夫人から「過去の歴史を自身
の内部に留めながらも友好的に接する人達がいる」事を学ぶ。人間相互の尊重と協力による人
間形成を図る奉仕会会員はこのことを知っておいてほしい。現在も活動を続け、人を育成する。

　自分は、中学の頃に海外に興味を持ち始め、「海外に長期滞在したい」と思うよう
になり、高校の 2 年生の頃には、「途上国で、国際協力がしたい」へと、その思いが
変わっていました。

　そして、東京農業大学（以下「農大」とする）に入って、奉仕会に出会えたことか
ら、国際協力に携わることが出来るようになった訳でした。その結果、農大卒業後、
これまで 40 年近くにわたって海外での仕事をさせて頂いています。これまで奉仕会
を含め周りから、本当に色々なことを学ばせて頂いた訳ですが、ここに、思いつく
まま、経験したことの一部をご紹介することで、自分の随想とさせて頂きます。

　このところ、体の調子があまり良くないこともあってか、自身のこれまでの活動
や学んだことをどこかに残しておきたいという思いが心のどこかに浮かんで来てい
ました。すると、タイミング良く小原先輩を通して、奉仕会で随想録を作る計画が
あることを知らされました。そこで、「自分も参加させて頂きたい」と連絡させて頂
いたところ、快く承知して下さいました。そのような訳で、今、インドネシア国西ジ
ャワ州のボゴールというところで、本随想文を書かせて頂いている次第です。海外
で国際協力をしていて、その冥利に尽きることが少なからずあります。時系列に沿
っては、おりませんが、そのことから始めさせて頂きたいと思います。

　NGO ボランティアを 10 年程させて頂いた後、当時の国際協力事業団の仕事をさせ
て頂くようになって最初の海外プロジェクトが、フィリピン大学でのそれでした。
フィリピン大学では、都合 7 年間ほど仕事をさせて頂いた訳ですが、四半世紀近く
が過ぎた今も、フィリピン大学の当時のプロジェクトを訪問すると歓迎されるばか
りでなく、訪問したことが SNS 等にアップされたり、しかも、それが数年経っても
繰り返し、何度もアップされるということは、心に沁みるものです。
また、西アフリカのガーナでは、プロジェクトの関係者間のパーティーの席で、突
然、スタッフから「伊藤さん、この子の名前を知っているか」と聞かれたことがあり
ました。初めて見る乳児なので、当然知らないと答えると、「この子は、私の孫で、
名前は『イトウ』なんだ」と言われたことがありました。自分の義理の孫がアフリカ
にいることになります。

　国際協力の仕事をさせて頂いた初期の頃に、所属先の NGO がフィリピンで運営し

ていた幾つかの研修センター内の一つから本帰国することになって、最後の夜に、夜半近くまで研修生やスタッフと将来の夢を語り合ったことがありました。翌朝、ふと外を見るといつもいるはずの鶏がいないではありませんか。研修生達がプライベートで飼っていた鶏で、20羽近くいたはずなのに殆どいなくなっていました。それらの鶏は、自分達の各誕生日に仲間に振る舞うために飼っている、いや飼っていた鶏や、帰省時のお土産用にプライベートで飼っていた鶏でし

フィリピン大学交通研究センター初代所長のCal教授に呼ばれて（前列右が、Cal教授。同教授は運輸通信次官をされたこともある。他の3名は、現職スタッフの教授陣）2015年5月撮影

た。彼らにとっては、鶏一羽でも高価なものであるので、「誕生日や、実家に帰る時のお土産用の鶏がいないが、どうした」と尋ねたところ、「お前との別れの席に提供させてもらった」とのことでした。大変済まないことをした、そして、そんなにまでして送り出してくれたのかと思うと、今考えても涙が出そうになります。

　途上国にいると、たとえNGOの安い手当でも、現地からすると高給取りです。そのこともあって、プライベートでも、任地や任国へのお役に立ちたいということから、出来るだけ若い人たちの学費の支援をさせて頂いています。ベトナムで、修士課程の学費を支援させて頂いた若者は、修士号を取得後のお礼の挨拶で「私は、私の村が始まって以来、最初の修士となることが出来ました。両親ばかりでなく村の人達も、村から修士が出て誇りに思うと言って喜んでいる」とのことでした。フィリピンで学士の学費支援をした若者は、フィリピンの種籾生産で全国的に名が知ら

任国よもやま話1. ガーナは地球の中心？

　第7代国連総長のコフィ・アナン氏を輩出しているガーナ国は、サブサハラ以南の国々の中で最初に独立した国で、アフリカの中心と言えなくもなくもありません。ガーナの国旗に描かれているブラック・スターは、反植民地主義のアフリカ開放と独立のシンボルであり、アフリカの自由の象徴です。さらには、ガーナは、グリニッジ時間と同時間であり、ガーナ沖には、緯度、経度共にゼロの地点があります。そのため、ガーナは世界の臍とでも言うか、地球の中心とも言えなくもないと思います。

れるようになった昨今、自身も奨学生をとって支援しています。以前、何年振りかで会った時に、そのことを知って「良いことをして、頑張っているね」と言ったところ、「以前、伊藤さんに、この学費の借りは将来必ずお返ししますと言ったら、『返す気持ちがあるなら、私にではなく後輩たちに返しなさい』と言われたので、「今、私は、伊藤さんのように奨学生をとって支援しています」と言われたことがありました。これは、アメリカ先住民の言葉である「この土地は先祖から貰ったものではなく、子孫から預かったものである」から連想し「恩に感じたら、次の世代に返して下さい」と言ったものでありました。

　言った本人は、もう既にそのようなことは、すっかり忘れていたのですが、何年もかけて、恩を返してくれている青年がいることを知りました。そう言えば、農大で1年生の時にある先輩におごって貰って、今度お返ししますと言ったら、怒られたことがありました。そして、その先輩は「借りと思うなら、後輩に返しなさい」と言われたものでありました。

　また、若い人たちを支援しているのは、既述のアメリカ先住民の言葉の他にも、自分が好きな言葉があり、その言葉にも影響されています。その言葉は、「一年の計は穀を樹（う）うるに如（し）くはなく、十年の計は、木を樹うるに如くはなく、終身の計は人を樹うるに如くはなし。一樹一穫なる者は穀なり、一樹十穫なる者は木なり、一樹百穫なる者は人なり」という言葉があります。その言葉もあって、若い頃に所属していたNGOで始めたフィリピンでの活動に、「小学生たちとの植樹」がありました。これは、地元の小学校にお願いして、時間を頂き、児童たちに植樹の大切さを話した後に、児童らと自分のプロジェクトの研修生たちが一緒になって植樹をするという活動でした。併せて、その頃に手元に有って余っていた子供用古着と文房具を寄付するというものでした。また、苗木が活着するまでや、長期休暇の時には、当番が出て水やりをします。なお、植える木は、何年もかかって材木に育つような木の他に、1年もしくはそれ以下で、収穫が出来るバナナやパパイヤなども混植させました。それは、子供たちに少しは「ご褒美」があるようにとのことからでした。こ

任国よもやま話 2. ベトナムは漢字文化圏

　ベトナムは、日本と同じく漢字文化圏です。

ベトナム語には、人名や地名などを含め多くの漢語が入っていますので、当然それらは漢字に置き換えることが出来ます。人名に関しては、自分の受入機関のタイバック大学でのカウンターパートの「タイン（Thanh）先生」は「清先生／青先生」でした。また、ベトナム環境総局でのカウンターパートは、「ランさん」という女性で「蘭さん」でした。もちろん、苗字もミドルネームも漢字で書けます。例えば、旧サイゴンの現在の名前にもなった英雄「ホーチミン」氏の漢字表記は、「胡志明」氏です。地名に関しても、ハノイは河内、任地であったソンラ省は山羅省で、受け入れ機関であったタイバック大学は西北大学といった具合です。

の活動は、所属 NGO に報告した結果、後にアジア太平洋を中心に数十カ国で実施される植林活動になり、現在も続いています。

　同じその NGO で東ティモール国にいた時には、「木を植える」に加えて、「人を植える」の方にも、着手出来たと、自身では思っています。それは、それまでの子供たちとの植林活動を含めた農林業での活動全般に加えて、家政研修と就学前の子供たちへの研修を始めたことです。家政研修は、当初女性研修生を想定していたのですが、始めてみると男性の希望者も多くいました。男女両性を対象に家政研修をしたことは、ジェンダー問題への配慮になったと言えなくもありません。

　研修内容は、料理、裁縫、掃除に加え、干し魚やハム作りなどを含む食品加工、自給用裏庭菜園、裏庭での養豚や養鶏の小規模畜産等の実習が中心でした。また、就学前の子供たちの研修は、規律訓練、識字教育、歌やダンスに加えて、英語の学習も含めました。そして、帰宅前には「おやつ」も振る舞いました。勿論、その「おやつ」は、家政研修生たちが作ったものでした。この研修には、子供たちを送ってきた親が、一緒にそばで見ているということもあってか、親たちからも感謝されました。

東ティモール国リキシャの小学生たちとの植樹活動にて（終了後、学校には地球儀を贈呈）2011 年 1 月撮影

　更には、別の効果もありました。それらの子供たちの中には、学齢期ながら学校に行っていない子供たちも若干混じっていました。それらの子供たちは、研修が進むと「自分も学校に行きたい」と希望するようになり、実際に正規の小学校に通い始めた子供たちも何人かいました。蛇足ながら、自分の妻は、NGO 時代の初期にフィリピンで知り合ったフィリピン人ですが、小学校の教諭の免許を持っております。そのことは、この子供たちの研修には、大きな助けになりました。

任国よもやま話 3. ベトナムにはたくさんの少数民族が

　ベトナム国で最初の任地であった北西部にあるソンラ省（山羅省）には、たくさんの少数民族が住んでいます。ベトナムでの多数派は、キン族（京族）と呼ばれますが、その多数派のキン族も、ソンラ省では、各民族の人口割合からすれば、少数派になってしまう位多くの少数民族が住んでいます。

妻のことが出たところ、更に少し、彼女に関係したことを書かせて頂きます。ガーナに赴任していた頃、農大の大先輩であったプロジェクト・リーダーのご夫人で、ガーナ大学に学ばれている方がおられました。そして、妻は、そのご夫人の勧めで、ガーナ大学で学び始め、帰国前には、修士論文を提出し、帰国後に修士号を授与されています。彼女が小学校の教諭の免許を持っていることは先に書きましたが、この時の修士課程での分野は、教育学とは直接関係ない「地域開発」でした。もっとも、修論のテーマは、「成人教育」であり、「ストリートチルドレンと教育」についての論文でした。このことで、よく言われる「門前の小僧習わぬ経を読む」ということは、あるのだなと思いました。

　若い頃は、子供の教育に興味を持っていた彼女でしたが、自分と一緒になってからは、色々な地域開発や国際協力に関係するようになって、彼女自身もそのことに興味を持ったということでしょう。また、息子たちからも、親の自分から子供の頃こんなことを言われたが、「その言われたことは、いまだに忘れていない」とか、「そのことが、今、役に立っている」などと、言われることもあります。自身の知らないうちに、他人に何らかの影響を与えていることは、間違いなくあります。

　ここで、ガーナに赴任した時に気付いたことを少し書かせて頂きます。ガーナに赴任したのは、当時の国際協力事業団が「一国に長く留まるのは良くない」という方針を打ち出したことから、7年間勤めさせて頂いたフィリピン大学のプロジェクト終了に伴って、フィリピン国から別の国に移ることになったというのが、その理由でした。語弊があることを承知で言ってしまえば、「たまたま、その国がガーナであった」ということでした。ガーナの国自体については、赴任前に特段の気持ちや思いはありませんでした。しかし、現地に着いてから直ぐに、そこが野口英世博士の最後の国であることを思い出し、そして、小学生の頃、自分と名前が似ている野口英世博士の伝記を学校の図書館からなんどもなんども借りて、繰り返して読んだことを思い出しました。改めて、自分の海外ならびに国際協力への興味は、その小学生の頃から自身の内部に育っていたのだと思いました。

　そして、「縁」ということは有るのだと、確信したものでした。海外で仕事をさせて頂いていると本当に色々な、自身が勉強させられること、多くの「心にジンと来ること」に出会います。また、他人に影響を与えていることも多々あることに気付かされます。それらは書き尽くせないです。

<u>任国よもやま話4.東ティモール人は、野菜大好き！？</u>
　21世紀で最初に独立した国である東ティモール国に居た時は、野菜というか、植物というか、それまで食べたことのない植物を食べました。カボチャやサツマイモの蔓などは、色々な国で食べられていますが、キャッサバの葉、パパイヤの葉、同じくその新芽、バナナの幹の芯、挙げ句の果ては、蒟蒻の葉、などなど、色々な野菜を食べることが出来ました。

少し話が変わりますが、奉仕会では、よく「国際協力と愛国心が両立するか」などと議論したものでした。海外で仕事をさせて頂いていると、しばしば考えることがあります。それは、「プロジェクトは成功したが、親日家を減らしてしまった」場合と、「プロジェクトの成果はそこそこであったが、多くの親日家が出来た」とでは、どちらが良いのかということです。

　勿論、「プロジェクトも成功して、親日家も増えた」が理想です。赴任したプロジェクトが、農業とは直接関係ない場合は、自身が少しでも貢献出来るようにと、特に気を付けていることがあります。それは、誠意を持って周りと接することです。既に書きましたが、現地で頂く手当は高給ですし、外国人ということだけで、周りが、「ちやほや」してくれるということなども有るので、間違って「偉くなった」ように感じてしまうことが全くないとは言い切れません。そこで、そのような思い違いや思い上がりが無いように、そして周りに対し横柄な態度にならないように努めることを心がけています。

　ここで、海外とは直接関係のないことを少し書かせて頂きます。自分が農大に在学していた時の奉仕会は、ちょうど海外から有機農業に方向転換をした時でした。この「方向転換」について、その後に考えたのですが、有機農業で日本を救うでも、有機農業で他国や世界を救うでも、どちらも奉仕会活動に違いは無いということです。方向転換というよりも、むしろ、活動の分野を有機農法にフォーカスしたと考えることの方が適切であったと考えます。ただ、当時の自分は、久保先輩から引き継いだ韓国の慶熙（キョンヒ）大学校のバイン（Vine）・クラブとの姉妹提携を進めていました。このバイン・クラブは、同大学でも最大級のクラブであり、農村活動をしているクラブでした。奉仕会としても、同クラブとは第11次韓国隊が公式に共同の農村活動をしており、ソウルの慶熙大学校も訪問しておりました。この韓国での活動にしても、有機農業をとおした農村活動とすることで奉仕会の活動と重ねることも可能でした。このことに関して、当時、有機農法、即ち、国内活動と考えていたことが、今考えると残念に思えます。

　ここで、又、海外でのことを踏まえてもう少し書いて最後にさせて頂きます。自分の第2の故郷とも思っているフィリピン国西ミンドロ州は、若い人たちはご存知無いかも知れませんが、小野田寛郎さんが救出されたルバング島（Lubang）のある州です。太平洋戦争中に激戦はなかったようですが、それでも現地の人たちからは、

　任国よもやま話5.フィリピンの少数民族
　フィリピンに住むある少数民族に、少し前まで定住せずに半裸で狩猟採集をしていたグループがありますが、その彼らは独自の文字を持っています。そして、独自の神話を持っています。その神話によると、地球の起源は宇宙からやってきた生命体が地球に住み着き、それが人類の祖先になったということから始まっています。少数民族侮るなかれです。

いろいろなことを聞かされます。その1つに、自分たちの研修センターのあった町では、戦争中にスパイと見なされた人たちが、家族や町の人たちの見ている前で日本軍によって処刑されたということがありました。それらの人たちは、川に打ち込んだ杭に縛り付けられ、町が河口近くにあったことから、その干満の差を利用して、処刑されたとのことです。それらの人たちの家族は、日本人がいるところには絶対に出て来ないということでした。

　同州の州知事夫人は、自分がフィリピンでの母とも慕う人であり、女医であった夫人は、マラリアを患った時の命の恩人でもあります。そして、夫人も、自分に対して、ご自身の息子のように接してくれておりました。失礼な表現かも知れませんが、言ってみれば「親子のような仲で、且つ、何でも話が出来る仲」でした。その夫人も、戦時中に色々なご経験があるようでしたが、それらのほんの一部しか話して下さいませんでした。外国人と全く接することをしない人たちがいる反面、過去のことは自身の内部に留め、友好的に接してくれる人たちがいることは、心に留めておくべきことであり、海外、特に東南アジアや東アジアの人たちと接する時には、思い起こすべき大事なことだと思います。奉仕会は、人間相互の尊重と協力により人間形成を図るための集いの場であるのですから。

近隣で喧嘩負け無しの研修センターの水牛ブルースリーに乗って卒業後数年のNGOボランティア時代に撮影

最後になりますが、今後とも、日本、海外を問わず、周りとのより良い関係を作りつつ、人間形成を図ることに努めていきたいと思います。

押忍合掌

<u>任国よもやま話6．インドネシアは、世界で最も回教徒が多い国ですが</u>
　インドネシアでは、「クリスマス」とイースターの週の「グッド・フライデー」のキリスト教の祝日の他、仏教とヒンズー教の国の祝日もあります。また、バリ島で有名なバリ州には、ヒンズー教徒だけに国が認めた祝日もあります。

海外農業協力活動

15 私の「農」との出会い。現在の私・・・

宮良　聡（昭和59年拓卒）

中学生の時に見た映画「風と共に去りぬ」の「タラに帰る」という台詞を「大地に帰る」と受け止め、「農」に目覚める。卒業後は協力隊でケニアに派遣され、想像もしない「ゾウやカバの食害」に遭遇しながら大地に取り組む。今故郷で野菜作りに勤めていても、先輩の叱咤激励の声が聞こえるようだ。自分にとってはそれこそが奉仕会であり、奉仕会の先輩達だ。

　小さな島嶼県である沖縄の非農家の家庭に生まれ育った私が、初めて「農」に出会ったのは、映画「風と共に去りぬ」を観た中学生の時でした。とても夢中になり原作の翻訳本を読むまでになりました。かの映画には様々な視点があり、人によってそれぞれの捉え方ができるものだと思います。

　思いつくままに列記しますと次の通り。
- 南北戦争前の古き良き時代（かどうかの捉え方も人それぞれでしょう）のアメリカ南部の人々の暮らしぶり
- 主人公が生まれ育ったアメリカ南部の大地
　タラ農園の広大な土地、綿花畑
- 当時の白人農園主と黒人労働者（農園作業員やメイドなど、奴隷といったほうが正確かもしれません。）との関係
- 南北戦争というアメリカの史実。南軍の立場で描かれたこの物語では北軍の将リンカーンが必ずしも正義の立場では描かれていません
- そして北軍の勝利。その後の南部の混乱
　治安の悪化。婦人たちを守るために男たちが立ち上げた自警団、後の黒人排斥団体クー・クラックス・クラン（KKK）の誕生
- 混乱の時代を強く生きた主人公スカーレット・オハラの生き様。この難局を乗り越える英知と行動力をもったもう一人の主人公レット・バトラー
- 映像としての視点でもフルカラーの美しさ、火事の場面の炎の迫力などとても1939年公開とは思えない完成度です。主人公を演じた女優ヴィヴィアン・リーの美しさも一見に値するものだと思います

　等々、上げればきりがありません。そういった多くの見どころの中で私に一番影響を与えたのは、全てを失い疲れ切って打ちのめされた主人公が最後に故郷のタラの農園へ帰ることを思いつく場面でした。タラに帰れば何とかなる。やり直すことができる。また立ち上がることができる。たしか原作でも映画でも最後のセリフは"Tomorrow is another day"で「明日は明日の日が昇る」とでも訳されていたかと思います。この物語が悲劇で終わっているにもかかわらず、それを感じさせず前向きな印象を残すのはこの最後のセリフ一行の力なのでしょう。

当時の私はタラに帰るということを、大地に、農地に、畑に帰るということだと解釈しました。大地に帰るとはなんと力を持った言葉でしょうか、母なる大地とはよく言ったものです。長い前振りになってしまいましたが、この映画を通し中学生の私は「大地」と「農」に目覚めたのでした。

　しかし残念ながら故郷沖縄は小さな島です。大地などありません。日本本土にしても当時の私には大地をイメージすることができませんでした。自ずと目は世界に向きました。世界のどこかの大地で農にたずさわるのだという自分の将来を思い描くようになりました。

　後に私は晴れて東京農大の農業柘植学科に入学することになります。ほどなく先輩からの勧誘を受け奉仕会の一員になりました。奉仕会での活動ではワークキャンプの思い出が強く残っています。山梨の金峰山でのガイダンスキャンプに始まり、千葉の三芳村、山に自生するアケビを食べたのは山形の高畠町だったでしょうか、新潟の山古志村だったかもしれません。和歌山の那智勝浦町の壮大な棚田を見た時は何世代もの人々によって作られたであろう造形美に感動したものです。冬の茨城帰農志塾での早朝、霜柱を踏みながら歩く凍えた足のつま先が可哀そうにも思えました。こうして少しずつ「農」を吸収していった学生時代でした。とはいえ決してまじめで優秀な学生であったわけではありませんが。

　卒業後は青年海外協力隊に参加しアフリカのケニアに派遣されました。任地はサバンナ地帯の村で、普通の日本人が思い描く「野生の王国」そのものでした。行く先々の農家から聞くことは「ゾウが来てトウモロコシの畑を踏みつぶしていく。どうにかしてくれ」だの、「川からカバが上がってきてオクラを食べていくどうにかしてくれ」といったようなことばかり。農大でも奉仕会でも教えてもらえなかった事ばかりです。まさにとてつもない「大地」との取り組みの始まりでした。

　ケニアにおける協力隊農業隊員の任務について話しますと、ケニア政府農業省の地方事務所に公務員の一員として配属されます。赴任前にイメージした「現地の人々と一緒に畑に出て汗を流しながら活動する」といったことは実際には一切求められていません。求められているのは組織の一員として地域農業の発展を大局的見地から考えたり、そのための会議をしたりすることです。これにはかなりの行政能力と語学力が求められます。多くの新卒農大生が持ち合わせていない能力だと思います。究極的なミスマッチからの活動開始となります。

　こうして始まったケニアでの生活でしたが、同僚や農家に対して存在感を示さないとどうにもならないと感じたことから、あるトマト農家に対し一世一代のハッタリをかまし、宣言しました。「私の言うとおりにすればお前のトマトの収穫量を今までの10倍にできる」と。それからその農家に通い、トマトの播種から苗作り、圃場での栽培までを行いました。結果本当に収穫量10倍を達成することができました。これには幸運もあったのでしょうが勝算も十分にありました。元々の彼らの慣行農

法を見ていると、種を厚く蒔き、もやしのような苗を作り、それを田植えのごとき畑に差し込んでいくのです。まともに活着するのは３分の１程度。そして支柱を立てず脇芽を摘まない完全放任栽培です。ほとんどの株が２果房程度で終わります。それを適切な播種を行い、育苗に気を使い、丁寧に植え付けることでほぼ全て活着します。支柱を立て誘引し、脇芽を摘み６果房以上着けるようにします。支柱の材料はその辺のブッシュからいくらでも調達できます。活着率３倍×果房数３倍で収穫量10倍がほぼ達成できます。

　このことで私は一目置かれる存在となりました。テングになった私は、今度はナスで同じことをやり大失敗。次のプロジェクトも大失敗。意気消沈した私に同僚や農家は「気にするな、こんなこともあるさ」と言ってくれました。異国から来た若僧に対し、とても大人で優しいケニアの人々でした。

　あれから30年以上の時が経ちました。今の私は沖縄に戻り、とある農業生産法人に勤め農場にて野菜を作っています。

　若き日の映画で芽生えた私の志はどこに落ち着いたのでしょうか。とてもとても小さく微妙なレベルで同調したともいえますし、全く達成していない、ともいえます。さほど的外れでもない道を歩んでいるとも思えます。人には器というのがあり自分の器なりに生きてきたとも思えます。ではありますが奉仕会の諸先輩方からの「全くなってない、今からでもやり直せ」という声が聞こえてきそうです。

　私にとっての奉仕会や奉仕会の先輩方はそういう存在なのです。

ケニアにてマサイの人々と

　追記：私を勧誘し奉仕会に導いてくれたのは瀬上彰宏さんでした。
　　　　講義が終った直後の教室にどかどかと入ってきて話しかけてきた時の満面の笑みが忘れられません。

国内活動：人材育成
16 帰農志塾−有機農業を実践する人材育成の歴史

戸松　　正（昭和45年拓卒）
眞智子（昭和45年拓卒、旧姓：山口）

　昭和47年（1973年）戦時下のベトナムの戦災孤児職業訓練センターに農業専門家として派遣された。サイゴン陥落に伴って2年後に帰国した後、「有機農業を通して日本農業の後継者を育てよう」と、茨城県旧猿島町に入植。営農を進めながら研修生を育成し「帰農志塾」と名付ける。都市からの新規就農者を増やすことを目的とし、40年を経た今、卒塾者はほぼ100人、大部分が農業で自立している。
　有機農業を開始した40周年を機に29年（2017年）に「帰農志塾の歩み」とするB5版28ページの小冊子を出版した。有機農業と共に就農人材育成の歴史だ。第1章から第23章まで、努力の軌跡が記されているが、執筆者の了承を得て編集委員会において4章を抜粋掲載した。

第1章 はじめに
　有機農業を始めて40年が経過しました。現在まで7haの農場で野菜、鶏、庭先果樹、農産加工などすべて無農薬・無化学肥料の有機農業で実施してきました。
　私達が有機農業を始めた頃、農家の後継者は減少の一途をたどり、日本農業の将来について、また、日本人の食糧の確保や安全性について大きな危惧がありました。そんな訳で都会から農業を目指す若者を受け入れ、帰農志塾を立ち上げ、研修生と農場を運営してまいりました。今、次代に運営を継承して、これまでの歩みを振り返る意味で小冊子の発刊を考えました。
　当初から土地、家その他お世話になった萬蔵院、また地域の方々には大変お世話になりました。また、長きにわたり私達の野菜を食べ続けていただいた会員の方々、保育園やお店などの方々、様々な人とかかわり、支援や協力があり、現在があります。心から感謝しております。
　この小冊子が、今後も来る帰農志願者や研修生たちの一助になれば幸いです。

第7章 2人の結婚
　当時の研修生の多くが農大OB。私も若かったし、馬力もあった。みんなで汗をかき必死に働いた。それでも休憩時間にロープで土俵を作り相撲なども行ない、夕食時は腹筋や腕相撲等も楽しんだ。
　昭和56年（1981年）入植後5年、清水治夫と伊藤達男の両君が結婚することになった。今まで一家族だが三家族になる。それまで数百万円の売り上げだったが、一

千万円の売り上げを目指さざるを得なくなった。倍増であり、それを可能にするにはどうするか。我々も努力したが会員の方が非常に頑張ってくれた。有機野菜の即売会、拡大のビラの各戸への投函、それらの活動のほとんどが会員の方々の努力であった。即売会で売れ残った野菜、通常なら残り野菜は手伝ってくれた人達へのお礼として渡すところではあったが、それでも購入し塾に協力して頂いた。

配達時の昼食、これも各班持ち回りで弁当をいただき、会員家庭や流山市のわらしこ保育園で食べさせていただき、十分な休息をとって午後の配送となった。

この年の11月の収穫祭、伊藤達男君と幸子さんの結婚式が境町の畑で会員参加のもと実施され、多くの会員が祝ってくれた。ケーキカットの代わりに万能に紅白のリボンをつけ開墾式が執り行われた。今は亡き私の人生の師、栗田匡一先生の揮豪による帰農志塾の名称と看板もできた。小学1年生の大作がその看板を掲げ、ここに帰農志塾の立ち上げとなった。またこの年の暮、末娘礼菜が誕生した。

第8章 研修生について

私は就農時より農家の後継者が減少する中で自分一人が営農し、自立することも大切だが、新規就農者が増え、有機農業の実践者を増やし、食べ物の安全や健康にも留意する農業者が増えることを願っていた。

そんなことで就農当初から農大OBと共に活動を始めた。清水、伊藤夫妻の他、2〜3人の研修生を受け入れた。その後両君も独立したが、常時5〜6人の研修生を受け入れ、私達夫婦の他はすべて研修生のみで運営する農場であった。

募集は有機農業研究会発行の「土と健康」や2〜3の雑誌に投稿した。多くの研修生は現在の工業社会や現代文明に疑問を持ち、農的生活や農業を志す人達だった。真知子はこれら研修生のお姉さん又はお母さん的存在で研修生のフォローと同時に家族も含め、常に10人分以上の賄いを担当した。

当初、研修生の生活は小遣いもなく常に1万円をポケットに入れておくという形をとった。寝食を共にし、夕食時酒を呑み交わし、農業や人としての生き方、社会のあり方等諸々の話、議論が毎夜続いた。タバコはゴールデンバットやエコー、酒は宝焼酎、焼酎ブーム以前だった。その後、研修生には年金、保険、食住、小遣いを支給し、独立時には帰農奨励金を提供、それでも不足する人には貸与した。

今は制度として青年就農給付金など国からの支援制度もでき、新規就農者にはありがたい時代に入った。この制度についてはありがたい点もあるが、新規就農者の安易な動機、目的、質の低下がみられる。
　塾の卒業生には給付金は入手しても生活はもちろん、通常の営農には手を付けず、農地や家屋、倉庫などの建設の準備金として活用する様に指導している。

平成29年現在のメンバー達

第22章 塾の卒塾者達

　41年前、私が新規就農して研修生を受け入れ始めた頃、一生で100人くらいの新規就農者を育てることを目標にした。卒業生が全国に点在すれば日本農業の再生、農業の後継者不足は少し解決の方向が見えるのではないかと感じていた。
　当時全国に3200の市町村があった（今は市町村合併で減少しているが）。その頃の新規学卒就農者は3000人を割っていた。学校を卒業し、農家の後継者として就農する人は一市町村に1人以下という数字であった。この状況が続けば10年、20年後、日本農業はどうなるかという大きな危惧があった。
　前述したが農家の後継者だけでは日本農業の再生はなく、日本農業の後継者の育成が急務であると痛感していた。その後Uターン、Iターン等都市部から田舎に移住する新規就農者は増加し、今や年間65000人程度が就農している。その流れを作ることが私の帰農志塾の大きな目的であった。
　しかし、いまだに日本の食糧自給率はカロリーベースで39%、3食のうち1食分余りしか日本でまかなえていないという現実であり、先進国中最下位である。食の

自給を成し遂げないで国の自立はあり得ない。

　40年経った今、卒塾者はほぼ100人になり、その大部分が農業で自立している。長期研修した卒塾者は青森から鹿児島、沖縄にまでいる。ごく一部であるが海外の農業協力に進んだ者もいる。

　時たま有機農業の先達から、帰農志塾ではどういう教育をしているのですかと聞かれることもある。私は「技術を教えることより、人としての生き方を重視している」、と答えている。地域に根付き、信用、信頼され、市井に生きるということではないだろうか。前向きに一所懸命に生きるといことではないだろうか。

　今まで帰農志塾は全国の市町村に卒塾者を送り出してきた。今後は若い力を栃木県内の周辺地域にも根付かせたいと考えている。農村社会を明るく、楽しく、農業として自立し、幸福な家庭を築き、地元の人達とかかわっていくことが大切である。こんなことに、私の残りの人生を捧げたいと願っている。

　繰り返しになるが、大きなことはできなくても市井に生きる人として農業や自然、食の安全、環境などを考慮し、自立し、幸せな家庭を築き地域社会の中で生きていくことが大切ではないだろうか。

　　週刊時事（平成2年6月16日）。栗田先生との最後の会話がノンフィクションライター野村進氏により残されている。

戸松正氏は本随想集の完成を見ることなく令和元年6月24日に72歳で逝去された。有機農業の普及と人材育成への貢献は万人の認めるところである。残念でならない。

国内活動:仲間たち
17 個性豊かな拓殖13期の奉仕会7人の仲間たち

門間敏幸（昭和47年拓卒）

今の自分をつくった奉仕会と7人の個性豊かな仲間との深い絆。「人生に迷い、それでも切磋琢磨を続ける学生時代」に誰もが懐かしい自分の学生時代を思い起こすだろう。学園紛争が吹き荒れていた時代に、こんなにも真摯に国際農業協力と人間形成に向きあった学生達がいた。時代を超えて人の心を打つ7人の人生物語。

<奉仕会7人衆との出会い>

奉仕会とは自分にとって一体何だったのか、いま改めて考えるとともに、屈折した学生時代の私を支えてくれた拓殖13期の奉仕会7人の仲間たちのことを思い出してみたい。

私が屈折した学生時代を送った理由は様々であるが、一番は高校時代に勉学、スポーツ、友人・恋愛関係すべてに落ちこぼれ、自分自身への嫌悪感にさいなまれ、それを引きずっていたことが一番大きい。日本から逃れ漠然と海外で一からやり直したいという思いで、農業拓殖学科に入学したが、南米移住、派米実習、青年海外協力隊を目指した精神主義的な教育にはなじめなかった。また、当時は学生運動の火の手が全国各地の大学で燃えあがり、学生は学生運動参加か、それを阻止する右翼になるか、はたまたそうした動きに全く無関心なノンポリになるかのいずれを選ぶかが迫られていた。かっこつけて電車の中で左翼系雑誌の「朝日ジャーナル」を読んだりもしたが、共感できなかった。片道2時間以上の電車通学を欝々とした気持ちで大学に通ったが、授業は面白くなく入学早々退学ばかりを考えていた。

そのような時に、奉仕会というサークルの「人間形成」という前時代的な言葉に惹かれ、活動をのぞいてみた。岩崎マンションとは名ばかりの3畳一間の4つの部屋に先輩方が住み、部室にあてがわれたやはり3畳の小部屋で夜な夜なわけのわからない議論が行われていた。千葉先輩、佐藤先輩、戸松先輩を中心に我々一年生に対する言葉による精神的圧迫、洗脳のような議論が延々と続いていた。

この時いじめられた1年生が、その後の私

岩崎マンションの中庭で。前列右から竹内、内藤、菅田。後列右から藤本、斉藤、米崎、門間。

の生き方を支えてくれた藤本彰三、竹内定義、江頭正治、菅田正治、内藤信雄、米崎軸、斉藤司朗の個性豊かな７人衆である。以下、独断と偏見であるが、私の目から見た彼らの人物像と私が彼らからどんな影響を受け、自分なりの生き方を考えたかを述べてみたい。

　まず、新潟県高田市出身の上杉謙信に心酔する藤本であるが、こんなに行動力のある人間に出会ったのは初めてである。一番びっくりしたのは海外派遣隊の費用や薬品・食材確保のために企業回りをしたとき、彼は新潟県出身というつながりだけで当時の自民党の幹事長で飛ぶ鳥を落とす勢いの田中角栄を訪問して、寄付を獲得したことである。度胸も行動力もピカ一の男であり、とてもかなわないと思った。他人の意見を聞き、もっと柔軟であったならば、とてつもないリーダーになっていたであろうと残念でならない。私が農大に迎えられた時に一番喜んでくれたのも藤本である。藤本の思い出の中で印象に残っているは、新宿駅前の闇市の風情が残る汚い店屋でクジラのカツを一緒に食べ、この世にこんなうまいものがあるのかと驚いたことと、このような場所を探索している藤本の面白さである。海外調査にも何回か一緒に行ったが、汚いうまい屋台を探す能力が素晴らしい男であった。学生時代から海外雄飛を目指して英語を勉強し、ついには留学先のマレーシアで最愛の妻となるヘレンさんと出会い、英語力を高め、農大の国際化を推進した最大の功労者である。晩年、有機農業の実践農場じょうえつ東京農大を起業したが、道半ばで鬼籍に入り、どれだけ心残りであったであろうか。心からご冥福をお祈りしたい。

　島根県の農家出身の竹内は、大言壮語をはかず、いつも沈思黙考で意見の一言一言に重みがある男であった。一浪組であり、無邪気な現役組とは異なる大人の雰囲気を持っていた。寡黙だが彼に任せれば確実に実践してくれるという安心感があった。海外での活躍志向が強く、卒業後はバングラデシュへの青年海外協力隊を経てJICA専門家でメキシコに赴任し、スペイン語をマスターして帰国した。帰国後はしばらく実家で農協に就職して営農指導に従事していたが、ある日私を訪問してくれ、どうしてももう一度海外で仕事がしたいので、何とかならないかという相談を受けた。たまたま、農林水産省時代の知り合いが海外担当の部局にいたので相談したところ、ちょうど稲作の技術指導と普及ができてスペイン語が堪能で、中南米で活躍できる人材を探していたので、竹内を紹介したところ喜んで採用してくれた。奥様には申し訳ないことをしたと反省しているが、毎年大学を訪れ活躍している様子を聞くたびに彼から力をもらった。その竹内がボリビアに赴任してから一時帰国し、健康診断を受けたところ、胃がんが見つかった。即座に手術となり、ガンを除去することができた。もう海外にはいかないだろうと私は思っていたが、無謀にも竹内は治ると再びボリビアに向け出発した。その精神力と責任感の強さに驚くとともに、私にはそうした行動ができるだろうかと今でも自問している。本当にすごい男である。現在は奥さんと二人で自宅で農業に従事し、穏やかな毎日を送っている。

長崎市出身の江頭は寡黙で信念の男である。仲間と意見や個性が合わず奉仕会は途中で退会したが、私の中ではかけがえのない友だと思っている。１年生の夏の実習を私は長崎県西彼杵郡のミカンと養鶏を組み合わせた農家で実施した。その帰りに江頭の自宅を訪問し歓待してもらった。そこでごちそうになったチャンポンと皿うどんのうまさを今でも思い出す。江頭は卒業後、長崎県庁に入り、養蚕の普及員として活躍した。また、雲仙普賢岳の噴火災害時は農業の復興を陣頭指揮し、新たな雲仙農業を生み出した功労者として名を残している。その後、長崎県農業試験場の場長となり、長崎農業を牽引した。当時、私は江頭に試験場職員にたいする講演を頼まれ久しぶりに再会した。震災復興に関する研究で普賢岳の災害現場を訪ねることがあったが、江頭の名前を出すと温かい協力が得られ、彼の努力と功績がいかに大きかったかを実感した。

　熊本市出身の菅田は、個性が強い奉仕会７人衆の中では唯一お坊ちゃんのような育ちの良さを感じさせる男であった。１浪組でありながら、そうした苦労を感じさせない人柄の良さが誰からも好かれていた。私は菅田のおかげで大学を卒業できたと今でも恩に感じている。いつも自分にいらだち不安定な心でいた学生時代の私は、大学２年生の時に自活のため家を出て岩崎マンション近くの日が当たらない３畳間を間借りし一人暮らしを始めた。布団も何もない寝袋での一人暮らしであった。読みたい本を読みながら大学の授業にあまり出席せず、鋳物工場でアルバイトしながら食いつないでいた。その時に窓合わせの向かいのアパートにいたのが菅田である。猫のように窓を乗り越え、いつも菅田の部屋を訪問し、とりとめのない話をして心の安定を保っていた。非常に几帳面でまじめな菅田は、大学の授業には皆勤賞で出席し几帳面に講義ノートを取っていた。菅田に代返、代筆を頼み、試験前にはノートを貸してもらい、一夜漬けで試験に臨み、いつも菅田より成績が良かったため、「もうお前にはノートを貸さない」と言いながらも４年間ずっとノートを貸してくれた。菅田がいなかったら、大学を卒業できずにどこかでプータローになっていたかもしれない。今でも深く感謝している。その後、菅田は農業高校の教師として次世代農業者の教育に力を注ぐとともに、魚釣り、居合道、尺八と趣味の世界で類まれな才能を発揮している。特に尺八では師範となり、様々な演奏会に出演して今も活躍している。

　静岡県御殿場出身の内藤は、小柄で少年のような風貌で皆から可愛がられるとともに、酒好きでしかも強いことが印象に残っている。高校時代は駅伝の選手で、収穫祭の運動会のマラソンでいつも上位入賞していた。当時の農大は相撲以外のスポーツには見るべきものが無く、箱根駅伝の話題も皆無であった。内藤だったら箱根を走っていたかもしれない。内藤は、私が実習した長崎県のミカン＋養鶏農家に２年生の時に実習に入り、山岸会の養鶏にとりつかれた。韓国キャンプから帰ってからは、地曳さん、千葉さんを支え、慶州の希望村で養鶏をやると心に決め養鶏と韓

101

国語の勉強に熱心に取り組んでいた。卒業後は韓国にしばらくいたが、帰国して茨城県の万蔵院の近くで養鶏をはじめ、一時はかなり大規模な養鶏場を経営し外国人労働者を多く雇用していた。この養鶏場にも訪問し、養鶏経営の厳しさと危うさを教えてもらった。内藤はいつも「口先で立派な事を言うより、黙って行動する人間が好きだ」と言っており、私に対する暗黙の温かい忠告と思い今でも忘れずにいる。

　広島県倉橋島出身の米崎はタバコと酒を愛し、いつも瀬戸内海のような茫洋とした雰囲気を漂わせていた。口下手なこともあり、何を考えているかわからないところがあったが、心はとても熱い男である。理論家・能弁家が多い奉仕会の中では数少ない言葉より行動で示す皆の信頼が厚い男である。卒業後は海外を放浪していたようであるが、帰国して高知県で農業に挑戦している。時々酔っ払って「門間、元気か」と電話をくれ、お互いに近況報告をしたが、最近は電話がないので少し寂しい。

　秋田県矢島町出身の斉藤は、栗田研究室から途中で奉仕会に参加したちょっと秋田訛りがあるイケメンの東北男子である。奉仕会の活動よりも13期の奉仕会の仲間が好きでいつも岩崎マンションに出入りしていた。大学3年の時、私は収穫祭の休みを利用し、私のルーツである東北のことを知りたくて東北1周の旅に出かけた。親父の出身地の宮城県松島町を訪問して見ず知らずの親戚と会い、次に卒業後の就職先となるとともに、永住の地となる盛岡に途中下車し、石川啄木を生んだ岩手山と北上川に感動した。その後、八戸、青森、秋田と移動し車窓から眺める稲の収穫がすんだ東北の農村風景を眺めまくり、斉藤の故郷矢島町を訪問し、斉藤家で一晩泊めてもらい大歓迎を受けた。斉藤家で食べたナガイモの千切りとお米のうまさは今でも私の舌の中に残っている。斉藤は卒業後、航空管制官となり、空の安全の番人となり活躍した。

拓殖13期の仲間と後輩たち

＜ワークキャンプのこと＞

このような個性豊かな奉仕会の同期に囲まれ、様々なワークキャンプを経験した。順に挙げると、満州開拓のリーダー達が引き揚げて開拓した茨城県神立の新生酪農開拓でのキャンプでは満州開拓の苦労話を聞き、海外雄飛の夢と挫折に心を傷めた。千葉県房総での田植え援農キャンプでは、１週間田植え作業に従事し、仲間と田植えの速さを競いながら米作りの苦労を味わった。茨城県内原の日本高等国民学校のキャンプでは太鼓で起こされ、神社での弥栄の礼拝、直新陰流の稽古、朝食前のマラソン、鍬一本での天地返しでは「大地が語る言葉を聞ける」ように無心で鍬をふれといわれたが大地の声は何も聞くことができなかった。また、満州開拓の父で農業拓殖学科創設の功労者で初代学科長の杉野忠雄教授とも親交が深い加藤完治の教えを校長である息子さんから聞いたが、よく理解できなかった。その後、私がリーダーとなり始めて万蔵院・慈光学園でのキャンプを実施することになる。精神的な障害を持った園児たちとの作業、住職である中川御前の講話と実り多いキャンプであり、その後の奉仕会の大切なキャンプ地となった。中川御前から多くの影響を受け、後輩の池田を始め福祉関係で仕事をする者も現れた。この中川御前の二男が私が檀家となっている板橋のお寺（常楽院）の住職となっていることにも強い因縁がある。

また、茨城県笠間での山の植樹を中心としたキャンプ、静岡県の小笠山でのキャンプなどを経験した。小笠山でのキャンプの時には、NHK の「若い力」の番組に出演することになり、皆で NHK がチャーターしてくれたバスに泥がついた作業着のまま乗り込み、そのまま出演してまたトンボ帰りで小笠山に戻ったことも良い経験であった。この番組を見た後輩の金井や板垣が奉仕会に入るために農大に入学したと聞き、テレビの影響の大きさを実感した。

＜生き方を探して＞

個性豊かで自分の進むべき道を着実に歩んでいる奉仕会の７人の仲間の行動力とワークキャンプでの様々な人々との出会いと作業後の人間形成のための議論は、屈折した私の生き方を徐々に解きほぐし、前向きに自分の生き方を考えるきっかけとなっていった。その中で、海外に何も持たずに裸一貫で飛び出していける勇気は今の自分には無いこと、高校時代に感じた劣等感と中途半端な自分の行動パターンを払拭するための目標を見つけ出すこと、自分自身の興味が持てる仕事につくこと、自分に再び自信を取り戻すことを目指して、大学の３年生の時に何かに挑戦しようと心に決めた。そして、学生時代に独習していたマルクス主義農業経済学の勉強をさらに深め、自分にできることを探すため、農業経済学、農村社会学の本を読み漁った。そうした中で無謀とも思えたが、国家公務員の上級試験（農業経済学）の受験を思い立った。生まれて初めて自分で目標をもってチャレンジした。勉強は少しも苦でなく、次々と新しい知識を吸収する快感を味わった。まぐれではあったが、一

次試験に合格し二次の面接試験に臨んだ。省庁訪問などを行うことも知らず、面接は成績順で行われ、その時初めてビリで一次試験を通過したことを知った。もう落ちたと思い、やけくそで面接では農林省批判をしてしまった。しかし、その意気を気に入った面接官がいたのか幸いにも合格した。

　その後、研究に行くか、行政に行くかの判断を迫られたが、迷わず研究者というかっこいい響きに誘われ研究を希望した。最初の赴任地は、東北旅行で訪問したあこがれの盛岡にある東北農業試験場であり、ここから私の研究者人生が始まり、今に至っている。

　大学時代に奉仕会、そして7人の仲間と出会わなければ、今の自分はなかったと心から感謝している。奉仕会万歳である。

昭和47年3月。卒業を間近に控えた栗田研究室で。
前列右から菅田、竹内、栗田先生、内藤。
後列右から藤本、米崎、門間、斉藤。

国内活動：教育の場で
18 奉仕会と私の職業について

後藤　哲（昭和51年拓卒）

「奉仕とは何か」の「解」を高校教員としても求め続ける。都教科の「奉仕」を農業高校の強みとして示そうと率先して取組む。その成果を、庭園管理者として宮内庁に就職した卒業生と出会った皇居勤労奉仕の夫人から聞く。奉仕は数学でいう漸近線のように近づくことはできても永遠に到達しないものなのか。江戸東京野菜を通して大竹道茂氏との奇跡的コラボも。

　大学卒業後、都立高校の教員として採用され、ありがたいことに満60歳の定年を迎えるまでの38年間、勤務を全うすることができた。

　教育公務員として採用されるや否や、奉仕という言葉にいきなり出会うことになる。公務員は全体の奉仕者であり、一部の奉仕者ではないと日本国憲法第15条に示されているように、全体の奉仕者として職務に専念すること等を宣誓することになる。就職して早々奉仕という2文字に真正面から向き合うことになる。多くの人は、この奉仕という言葉に素通りするのではないかと勝手に思っているが、私達奉仕会に籍を置いた者なら少なからずこの言葉にこだわりがあるのではないか。

　奉仕会に入会すると、先輩諸氏から奉仕とは何かという追及が始まる。結構辛い。まずは優しいタッチで、「御奉仕価格、お客様への御奉仕などとお店では表現するよね」先の質問では、誰かが得をするための行為も奉仕解釈の範囲内なんだと軽薄な私などは即断してしまい、何となく自分の中にある重い部分が氷解するかのような錯覚に一瞬ほっとする。すると間髪入れず第2弾が待っている。「勤労奉仕とは何だ」しばし頭をひねり、例えば町内をみんなで掃除するとか、草取りをするとか、何らかの指示の下、対価無しで労働を提供することなどと思案を巡らす。「それでは駄賃をもらったら勤労奉仕にはならないのか」。正直、うーん、めんどくさい問答だなーと感じる。「ボランティアと奉仕は違うのか」「例えば、ボートに君と誰かと乗っていたとしよう。突然どちらか一人が降りなければこのボートは沈む。君はどうする」一体この人何が言いたいの。混乱にますます拍車がかかる。私はもうこの場から逃げ出したいがじっと我慢の子であった。急場をしのぐために何か考えなければならないなという義務感みたいなものが自分自身を責める。奉仕という言葉からこんな50年も前のセピア色に染まった記憶が鮮明な総天然色となって蘇る。恐らく、この様な洗礼を浴びる前は、自分の奉仕の概念は、勤労奉仕に代表されるように、自主的、能動的ではなくとも、求められた時に報酬など全く考えず誰かの役に立つ、あるいは何かの役に立つ労働を提供することと何となく理解していた。先に触れたある重いもの、その源は、世のため人のために犠牲的な精神を発揮する行為という概念が脳裡にこびりついて、それをずーと引きずっていたことも事実である。

　「そもそも何故奉仕会と命名したのか」

命名に至るまでの過程においては激しいやりとりがあったというが、「議論をし尽くして、さらにし尽くしても、結局奉仕としか命名できなかった」と先輩諸氏は結論づけた。奉仕とは何かという問いに対して、それ以後、ミーティングのテーマとして、あるいは自分の中で取り立てて掘り下げるという作業はしなかったものの、恒常的に奉仕とは何かを意識するようにさせられてしまった刷り込み術は、奉仕会入会時の巧妙なテクニックではなかったかと今さらながら連綿と引き継がれる奉仕会魂には感服する。

　服務の宣誓後、早々にまた奉仕と出会うことになる。最初に赴任した学校では、遅刻がとても多く、その遅刻を何とか減らすために遅刻数が多い生徒には週毎に奉仕作業と称して放課後居残りをさせ、校内美化活動をさせていた。罰則としての奉仕である。果たして罰則としての奉仕は存在するのか。どうも世の中、奉仕とはある種の権力から強制されるものという認識が、潜在しているのではないか。先ほどの重いものを引きずっていた要素である犠牲的精神に加え、強制という嫌悪漂う二文字も心の隙間を覆っているのではないか。正に奉仕の及ぼす負の要素を痛感することになる。若造ながら「罰として課す作業を奉仕作業と呼ぶのは相応しくない」と主張するも、教員集団は歯牙にもかけてくれないという、大げさに言えば屈辱を味わった。当時、奉仕作業という名は教員にも、生徒にも定着しており、みんなが嫌がることをやらされる、みんなが嫌がることをやるという行為もその行為を行う人の意識が能動的であろうと受動的であろうと広義の奉仕と解釈するのであろう。

　それからは奉仕という言葉を特別に意識することなく時はどんどん流れたが、平成になって10年を数えると、不惑から数年を過ぎる年齢になり、教育管理職となった。同時に、奉仕という大きな壁にぶつかることになる。それは、東京都教育委員会が全国に先駆け、独自に全都立高校に教科「奉仕」を設定し、必履修教科に指定したことだ。必履修教科は必ずその授業を全生徒が履修しなければならない。都立高校に限らず教育界では結構な騒ぎとなった。それは、「奉仕」を義務づけることは奴隷的拘束や苦役からの自由を否定する憲法18条に抵触するのではないか、滅私奉公を教えるのか、奉仕を教えられる教員がどこにいるのか等々の反対論が渦巻いた。そもそも奉仕の解釈に統一性がないこと、またそれを定義することに無理があることが混乱に拍車をかけた。ただ当時、共通の教育課題として、児童・生徒の自己肯定感や有用感の欠如が叫ばれており、国の中央教育審議会も学校教育における奉仕の有用性に言及しており、この提言は、東京都の「奉仕」導入という流れを大きく加速させた。東京都の教育行政、特に都立高校においては、職員団体との攻防から歴史的に教育委員会が学校現場に足を踏み込むことがかなり困難な状況にあったが、この頃から、良きにつけ悪しきにつけ、東京都教育委員会主導の所謂トップダウン方式が顕著となってきた。

　このような経緯で、教科「奉仕」は2年間の試行、平成19年完全実施と決定した

が、学校現場での理解が乏しいばかりか、反対派が主流を占めることは火を見るより明らかな中、「奉仕」の旗振り役である管理職は、その実施に向け、厳しい船出となった。

「どうせ4年後は完全実施になるのならば、試行校に手をあげ、農業高校の強みを教育界に示そうではないか」と強気の勝負に私は出た。東京とはいえ、農業高校は古くから地域と密接に連携しながら、実践的な農業学習を展開しており、この経験値は「奉仕」推進力になると確信していた。生徒が地域に飛び出し、学校で培った知識・技術を駆使し、地域の活性化に寄与する。同時に地域も学校へはたらきかけ生徒が地域に育てられる。片道切符ではなく、双方向の活動にすることが重要である。地域に貢献するためには、共に考え、共に行動すること、日ごろの継続的・実践的な学習の成果が発揮できること、正に自己肯定感・自己有用感を会得することを基本理念に据え、我々の目指すべき「奉仕」に対する理解を教職員に訴えた。どれくらいの理解を得られたかは、数量的に測ることはできないが、試行校に指定され、農業高校ならではの特長を生かした取り組みを早い段階で展開した。奉仕という言葉の持つ負の懸念は解消されたものと考えるのは早計か。自画自賛への批判は覚悟の上であるが、奉仕会で培った奉仕が職場で開花・結実した瞬間であったと自負している。

そして退職間際には、連続して奉仕と出会う。まずは、学校の近くにお住いという御婦人が突然私を訪れ、次のような話があった。

「先日、お宅の卒業生と皇居で出会いました。今どきの若者があんなにも礼儀正しく、あんなにも真摯に仕事に向き合っている姿を目の当たりにして、実に清々しい気持ちになりました。ぜひ、このことを早く報告したくて来ました」

彼女は、皇居勤労奉仕に参加し、そこで宮内庁の若き庭園管理担者の仕事ぶり、参加者への対応ぶりを見て、いたく感動し、彼にいろいろ質問したところ農業高校の卒業生であることが分かったという。因みに、学校長は一人一人の生徒のことを知らないのではないかと思われるかもしれないが、生徒理解に努めるのも大切な仕事の一つで、御婦人の話を聞いた私はすぐに宮内庁に就職した彼の名前と顔は一致した。皇居勤労奉仕は空襲で焼失した宮殿の焼け跡を整理するために宮城県の有志による勤労奉仕の申し込みがはじまりで、宮内庁主導ではなく、それぞれの団体の意思による活動が現在に至るまで連綿と　紡がれているという。教科「奉仕」を含め農業高校で学んだ卒業生が、皇居勤労奉仕団に感動を与える仕事ぶりというあまりにできすぎた話は決して眉唾物ではない。思わず私は鼻高々に全校生徒の前で、これを披歴するとともに、学校ホームページで世界中（少々大げさ）に発信した。

そして最後は究極の偶然か必然か、奉仕会の大先輩である大竹氏との出会いである。都内の農業高校の研修会として江戸東京野菜の復活のため精力的に活動されていた氏を招き、講演会を開催するという機会を得た。私は氏の名前を奉仕会名簿で

記憶しており、その旨話をすると、それ以降全面的に協力、支援をいただき、都立の農業系高校全てが氏から大きな恩恵を受けることになる。氏のコーディネートの下、地域、農家、学校の連携で、大きな教育成果をあげることができたが、それは教科「奉仕」に求めた農業高校の特色を存分に発揮した活動そのものであった。

　奉仕会を卒業して40余年、奉仕という言葉から違和感が拭われたのはいつの頃か定かではないが、やはりこの言葉を文字として、また音として認知した途端に、強く反応するとともにそれにこだわる自分を認識せざるを得ない。自分の意思で、自分自身のために、何かを達成しようと貪欲に生きた結果、真に自分自身が生かされていることを実感できたとき、それこそが奉仕であるように思う。人は奉仕の練習を繰り返し、さらに繰り返しながら奉仕に近づくのではないか。待てよ、数学で言う漸近線のように、近づくことはできても、永遠に到達できないのかもしれない。

日本高等国民学校でのワークキャンプ。「大地が語る言葉を聞けるよう無心で鍬をふれ」と言われた天地返し。さて、大地の言葉を聞いたものはいただろうか。
（昭和４８年撮影）

国内活動：教育の場で
19 原点は
「人間相互の尊重と協力により人間形成をはかる」

板垣啓四郎　（昭和 52 年拓卒）

奉仕会で学んだことが生き方の原点。「お互いの尊重と協力」を前提に大学・高校での教員生活をおくる。原点回帰からの旅はこれからもまだまだ続きそうだ。栗田先生から「何をもたもたしているのか！」とこっぴどく叱られそうだ。

　奉仕会で学んだことは、私にとってその後の生き方の原点であったように思います。特に、奉仕会が目的とする「人間相互の尊重と協力により人間形成をはかる」を実現するために、ワークキャンプや海外での活動を通して、奉仕会の先輩や同期生、そして後輩からさまざまなことを学ばせていただきました。今となっても、この目的を果たせたかと問われたら、まったく自信はありませんが、少なくともこのことが私の胸のどこかにいつまでも残っていることは確かです。

　「他人を尊重して思いやり、相互に協力し合うことが、自分の人間形成につながる」というほどの意味かと思います。実はこのことがとてつもなくむずかしいことのように思われます。とかく若いうちは自分のことだけに関心が向かいがちで、他人を思いやるとか、相互に協力し合うということは疎かになりやすいものです。困っている人に何をしてあげられるか、何を一緒に考えて相談にのれるかを先に思い立ち、自分のことは後にするほどの度量が、結局、人から思いがけない尊崇の念をもって迎えられるということなのではないでしょうか。

　私は卒業後、東京農業大学に奉職させていただき、教育と研究の分野で務めさせていただきました。途上国を対象とした農業開発と国際協力について、経済学からアプローチするとともに、教育では院生を含め教えた卒業生は数知れず、学内のオープンカレッジ講座でも多くの方々と接する機会がありました。海外でのフィールド調査や委託調査、それに伴う報告書の作成と発表、官庁、JICA や JETRO、財団、社団など各種の法人から委託された委員会の座長や委員、講演、海外研修員の受け入れ、学会や研究会での報告、座長やコメンテーターなどについても数多く引き受けさせていただきました。一方では、大学や法人の業務にも数多く関わらせていただきました。これらの活動が少しは社会のお役に立てたのではと思っておりますが、果たしてそれが具体的に対象とする社会なり人を想定し、自ら主体的に実施してきたかと問われれば、抽象的な次元ではともかくとして、さほど強い自信があるわけではありません。

　東京農業大学を中心にして活動させていただいてきましたが、活動の軸が動く大きな転機となったのは、東京農業大学併設の中高一貫校に校長として迎えられ、赴

任してからです。大学よりもはるかに教育の現場が近くにあります。生徒の教育活動（教務、校務、生徒指導、部活動など）が中心に据えられ、これに保護者会、学校後援会、卒業生同窓会、周辺の自治体がつながり、併設校が所在する埼玉県や教育行政機関との関係構築など、学校を発展させていくために多くの方々に関わっていただいています。もちろん入試や進路指導、教務、学校行事などの通常業務を主としつつ、これと並行して財務や人事、施設管理など学校運営上の業務が校長としての主要な任務ですが、これら関係者との間で良好な関係を維持し発展させていくことが、校長のもう一つの重要な役割といえます。残念ながら、職務上、生徒と直に向き合う機会は特別なことでもないかぎり、それほど多くはありません。

　ただ幸いなことに、中高一貫校に勤めてから、社会や人との関わりが直接的なものとなり、取り組むべき課題や案件の形成がより具体的、で身近なものとなって迫ってきました。やや極端な言い方をすれば、卒業して以来、久々に大きな責任を担いながら自らの意思を能動的に働かせて、組織を切り盛りしていく立場に立たされました。そこで、にわかに思い出したのが、「人間相互の尊重と協力により人間形成をはかる」という前述した奉仕会の目的です。

　「人間形成をはかる」のは結果であり、このことはひとまず置くことにして、「人間相互の尊重と協力」なくしては、組織は決して動きません。幸い学校は私が赴任したときと違って、先生方の間に融和的かつ協力的な空気が広がってきたのではと自負しております。かといって、そのようになったのが自分の力によるものというつもりは毛頭ありません。教職員がもともと持っていた「学校のために」とか「生徒のために」という学校の目的が、幾多の困難を解決していく過程で、明確に意識化され、共有されてきたからにほかなりません。その場合にも、お互いの尊重と協力がその前提にあったことは、ここに強く記しておきたいと思います。

　実社会に出てからかなりの年月を経て、人間相互の尊重と協力の大切さが身にしみてわかってきました。もとより自分が構想するビジョンや学校の教育目標を、自分の置かれている立場から教職員へ明確に示すことはいうまでもありませんが、先生方のさまざまな提案や意見を尊重する、相互に協力し合う姿勢を讃えることがリーダーシッ

東京農業大学第三高等学校の前庭にて

プの一つの重要な条件といえます。私にこの資質があったということではありませんが、そうなくてはならないと思うのです。

　奉仕会のマンション（会室）で、夜遅くまで酒を酌み交わしながら語り合ったこと、つらいワークキャンプでの夜、ミーティングで目をこすりながらみんなの話を聞いたこと、人間相互の尊重と協力について様々な角度から意見を闘わせたこと、本を紹介してもらい深く感動したこと、将来について語り合ったことなど…。すべてが走馬灯のように思い出されます。奉仕会に所属してよき仲間に恵まれ、いろんなことに目覚めさせていただきました。いまになってみて、果たして「人間形成」がはかれたかどうか、私自身に問うてみるのですが、さほど進化していないように自己評価します。栗田先生から「何をもたもたしているのか！」とこっぴどく叱られそうです。

　かくいう私もすでに併設校を去りましたが、「人間相互の尊重と協力により人間形成をはかる」という原点回帰からの旅は、これからもまだまだ続きます。

　岩崎マンションが閉鎖されたあとの、農大近くの渡辺マンションで。
　奉仕会会員下宿をマンションと呼んだ。

国内活動：行政の場で実践

20 回想（栗田先生の言葉と飢えの地理学）

市丸　浩（昭和51年拓卒）

長崎県職員として農業振興に携わった。自己の実践に照らして、栗田先生講義の「飢えの地理学」を紹介。講義の端々で説かれていたが資料そのものがなかった「分配の問題」、「可能性のある技術の問題」、「相互協力の問題」を、今回、小原正敏の資料提供でついに読んだ。

　1983年（昭和58年）長崎県職員だった私は島原から五島に転勤になった。転勤挨拶のつもりで、栗田先生にも一報したところ、次のような手紙をいただいた。

　「五島に転勤する旨の通知をもらったので、私の思いを知らせます。　終戦後、日本は食糧難でした。私はサツマイモ（甘蔗）が主食にならないかと、故郷である岐阜県で実際にサツマイモを主食に味噌汁と野菜での生活を実践しました。空腹は満たせましたが、歯槽膿漏になり、歯がすべて抜け落ちました。五島というところはサツマイモを主食にしていると聞きました。離島であることから、海に囲まれ、雑魚を食していることと思います。五島は戦前、兵隊検査で甲種合格率が日本一になり表彰された土地です。同じサツマイモを主食にしながら、雑魚を食することで栄養補完ができるものなのか、当地の古老などの経験談を聞いてみてくれませんか？」

　五島に勤務中の3年間で、いろいろ聞いてみましたが、明確なことはわかりませんでした。次のことについては貴重な意見を聞くことができました。「確かに、五島はイモとイワシで暮らしてきた。イモはゆで切干（かんころ）にして保存食にもしていた。かんころは餅に混ぜてカンコロ餅にして食していた。雑魚も食べたが、我々は小さなころから働かされた。体に負荷をかけることで体力はあったと思う。体格が良かったかは、家の事情でちがうが、体力には自信があった」

　残念ながら栗田先生に報告はできませんでしたが、確かに兵隊検査で甲種合格率が良く表彰されたことは、古老の方はよく知っていました。ちなみに、対馬で聞いた話は、「サツマイモは対馬で飢饉を回避したことから、『孝行いも』と呼ばれるようになった。対馬は気温が低いため澱粉を取り出し『セン』という粉にして保存します。『セン』に水を加え『セン団子』あるいは麺を作って『ろくべ』という黒いうどんを作って食べます。韓国語でサツマイモのことを『コグマ』と言いますが、『孝行イモ』がなまったものだと伝えられています」

　栗田先生が考えられた「サツマイモを主食に」という考えは飢饉対策には最適と言えます。但し、カルシウムの補給など栄養のバランスを考えないと、糖質の過剰が歯槽膿漏を引き起こすのではないかと思う次第です。

　このことから、農大時代に思い起こすのが栗田先生の講義です。
一般の熱帯作物学では、当時の地球の人口が約40億人ですが、アメリカ(USA)の農地面積と食糧自給率（アメリカは輸出もしているが、当時のオリジナルカロリーで

約100％として）での計算だと、地球上で養える人口は約25億人であること、日本の農地面積と食糧自給率（当時のオリジナルカロリーで約60％として）での計算では約300億人が養えるとのことであった。生活様式と食生活によって飢餓は防ぐことができる可能性がある。という講義でした。

奉仕会における特別講義でも、その根拠が示されました。特別講義はいくつかありましたが、最も印象に残っているのが「飢えの地理学」でした。

原題は「ジオグラフィー・オブ・ハンガー」で著者は、ジョーズエ・デ・カストロ（ブラジル大学栄養研究所）で、日本語訳は1952年です。講義はボイドオア卿（当時のFAO事務局長）の序文から始まりました。印象に残っていること、及び私がつけたラインを元に話をします。

ボイドオア卿序文より

「このすばらしい書物の題名は『飢えの政治学』としても良かったように思われる」

飢えには政治が絡んでいるということ、すなわち、人間が生み出した飢えが存在するということである。「**人体の健康を維持するに必要な約40種ほどの食物構成要素のうち、いずれか一種にも欠乏する状態を指して（飢えということばを）用いているのである。これらの要素のうちどれか一つでも欠乏すると人間は早死にする」、「食糧生産を制約する唯一の要因となっているのは、人類社会がそのためにこころよく割こうとする資本と労働の量の問題なのである」**。ボイドオア卿の考えも参考にして、「飢えの地理学」の講義は本文に入っていった。講義の内容、日本語訳文をピックアップしながら、印象に残っている題材から話を進めます。

第一部　飢えのタブー

「ここで取り扱うのは、人間がこれまでしなかったこと、それに対して人間が知識と意欲のどちらをも欠いてきた仕事、まさにそういうものなのである。人間が利用しなかったところの地理的可能性と、彼がむなしく見送ってきたところの機会をさぐろうというのが本書の目的である」

第三部に出てくるが、農地の開拓と海の利用（海洋放牧や養殖）の可能性が潜んでいる。「**遠い昔、仏陀は『人間の歴史を作る根源は飢えと性愛である』といい、後になってシルレルは『世界を支配するものは飢えと性愛である』と論じた」**

＊註：シルレル：フリードリッヒ・フォン・シラー（ドイツの詩人、戯曲家、思想家）
＊詩：歓喜の歌、作品：群盗、ウィリアムテル、オルレアンの乙女

人間は飢えを克服するために生き方や政治を考えるのではないのか？子孫のために農地を開墾していったのではなかったのか？水田を作るために数学を活用した。測量を行った。棚田は大切な水を効率的に活用しながら、水害を防止する機能を有している。現代の大区画水田などは基盤整備と称しながら、労働生産性のみを追求して、水源の効率利用や傾斜地の洪水防止機能は比重が低いと感じられる。

「飢えのために生ずる人間の浪費は、戦争と伝染病の二つの原因から生ずるそれを一緒にしたものよりはるかに大きいのである」

そのことに気づいていない人間もまた多い。「本能を動物的なものとし、理性のみが社会的価値を持つと考える我々の文明は、本能の創造力を下等で下品なものとして否定しようとする組織的な努力を試みた。むろん、それはうまくいかなかった」

土壌調査のために水田に穴を掘っていたら、近くを通りかかった小さな子供を連れた若い母親が「ほら僕、勉強しないとああなるのよ」と言っていた。私たちは大学院まで出ていたのだが、力仕事はそのように見えるのか？

「一切が富の創出と経済的開発に向けられる時、人間及び人間の問題が全く忘れ去られたのは当然である」。経済優先は公務員の仕事でもよく感じる。農業振興に必要な予算はなかなか付かない。見た目が良いプロジェクトやマスコミ受けする仕事は予算が付くことが多い。特に農地の大切さは、経済優先の前に忘れられることが多い。政治家がからむと特に公務員の幹部は弱い。

「マルサスは‥‥‥人口は幾何級数的に増加するが、食糧は算術級数的に増加する。したがって人口が増えるにつれて、その必要とする食糧の生産は不足となり、この不足は解決しがたいものとなる‥‥‥」＝「マルサス主義のこけおどし」。　食糧生産をしないマルサスが、無駄な食糧を食べる人間を相手に論じた空論である。見た目は、そのように感じる人が多いかもしれない。食糧自給率が40％を切った日本で、食糧が足りないと思う人は何人いるのだろうか？　農地の開拓や技術の進歩は全く考慮しない理論は本当にこけおどしに過ぎない。

本書はさらに食糧分配の問題に進み、栄養学上の諸発見に基づく食糧の賢明な使用について論ずる。「人類生存の諸手段の再調整と公平な再分配とを行うために活用されねばならぬ社会諸関係との両面を分析しようとするものにほかならない」

栗田先生が強調しておられたのはこの分配の問題である。当時、ウクライナで不作が起こり、当時のソ連はヨーロッパやアメリカの穀物を買い占めた。穀物の価格が上がり、買えなくなったアフリカ諸国では飢饉が起こった。

第二章　飢えの全貌
ここでは、飢えの実態について説明がされる。項目の紹介にとどめる。

1　人間という機械
2　隠れた飢え
3　タンパク質の飢え
　　昭和40年代前半まで日本も蛋白質摂取は少なかったらしい。
　　「タンパク質が足りないよ」というコマーシャルソングがあった。
4　無機質（ミネラル）の飢え
　　ある土壌におけるミネラル欠乏が及ぼす栄養欠乏事例を紹介している。

5 ビタミンの欠乏

　脚気、壊血病、ペラグラなど、それまで病気と思われていたものが実はビタミン欠乏だったことを紹介している。栗田先生は講義の中で「人間の病気の80％は薬や手術なしで治るものがある」と、おっしゃられていた。なるほど、最近の病気でも栄養の十分な保菌者には発病しない者もいる。

6 肉体と精神上におされた飢えの印章

　「男女を問わず、栄養がひどく不足すると生殖腺はひどい影響を受け、ホルモンの製造はほとんど止まってしまう」

　この章では様々な栄養欠乏に基づく病気の実態が示された。栗田先生がこのことを「人間の病気の80％は栄養不足に基づくものである」と紹介された。

　後年、就職後私は農業改良普及員となったのだが、病害虫防除の手引きを渡され、病気については薬剤で対応できるものがほとんどであったが、栄養欠乏症や過剰症については公的な資料がなく、参考書や先輩普及員の経験に頼ることが多かった。2000年に米国研修に行った後輩が、稲作に関するマニュアル本を手に入れたので翻訳してみると、意外に基本的なことが書いてあり役に立った。

　一例を紹介すると、**「病気の原因は病原菌やウィルスによるものだが、要因としては植物体の状況や取り巻く環境によって病原菌の活動しやすい状況になり発病する」**というものである。実際に五島で、いもち病が多発し薬剤散布が効かない水田で、翌年環境を改善して、葉を立たせて水滴が生じないようにし、さらに日陰にならないように木を切ったところ、その年は発病がなかったことがある。

　栗田先生は講義の中で、「住民の生活の中で何が課題で、自分たちで解決するためには何が必要か、共に考え、実践してみること。上から目線でなく、命令指示でなく、自らの判断で自らの実践で、できることから行うことが大切である。そうでないと継続ができない」と説いておられた。

　飢えの地理学の第二部は、**第三章「新世界の飢え」**で、南北アメリカ地域の飢えの実態について述べられるが、印象に残っているのは　**「4　アンチレス諸島のエメラルドの首飾り」**である。**「この地域の貧困化にあずかって力のあった重要な要素の一つとして、ヨーロッパ人の植民者が原住民をほとんど殺してしまったことがあげられる」、「キューバでは人間を充分養える農業形態である多角農業ができるのに、砂糖やたばこのような輸出農作物を作る単作農業が植民地時代に始められ、・・・・・米国資本の極端な独占状態となって、キューバ人を恐るべき栄養不良状態に陥れている」、「大切な点は中米の食糧供給事情を改善するのに大いに役立つはずの米国の優れた技術がいつも政治的経済的利害で阻止されていて、結果的には何も寄与していないということになるのだ」**

　正に、政治的経済的な判断が栄養不足（飢え）を生み出した事例である。この後、**第四章　老いたるアジアの飢え、第五章　暗黒大陸の飢え、第六章　飢えるヨーロッパ**、と続くのだが、ほとんど記憶がない。講義はここまでは行かなかったと思われる。さ

115

らに、**第三部　第七章　飢えに立ち向かう**。**第八章　豊潤の地理学**は資料そのものがなかった。

　この回想を書くにあたり、小原正敏君にコピーを送ったところ、小原君がネットから「飢えの地理学」を探して入手してくれたので、ついに第三部を読むことができた。

　第三部の内容は、栗田先生が講義の端々で説かれておられた**「分配の問題」**、**「可能性のある技術の問題」**、**「相互協力の問題」**などであった。

　最後にこんな記述が飢えの地理学にあった。
「世界を滅亡から救う道は、過剰人口を絶滅させようと命ずる新マルサス主義学説にも、産児制限にもあるのではなく、地球上の全人間を生産的人間に変える努力の中にある。飢えと惨苦は、世界の人間が多すぎるために起こるではなく、生産するものが少なく、養われる人間が多すぎるために起こるのだ。‥‥中略‥‥人類の発展についてわれわれが抱くべき自信をわれわれに再確認して、E・P ハンソンが言った言葉を最後に引こう。『人間の科学は偉大だ。けれども人間そのものはもっと偉大だ』

　　註：E・P ハンソン；不明

エピソード
1．初めて韓国の地を踏み下痢の洗礼を受けた。正露丸で何とか抑えたが、栗田先生は薬は飲まなかったそうだ。
2．栗田先生談：東京大学を一番で卒業して農林省に入省した秀才に土壌改良を依頼したが、依頼された彼の言葉は「私にはできません」だった。
　　君たちはできるようになってくれ。
3．知識は実践することによって自分のものとなる。本当に理解するとは実践が実体験が必要である。
4．これも栗田先生の話：中国のあいさつ「ニーハオ」は毛沢東が広めた言葉である。昔は「チーファンラマ？」（朝飯は食べたか？）だった。それほど昔の中国は貧しかったのである。
　　パール・バックの小説「大地」の冒頭に、王龍（ワンロン）の朝だった。「朝ご飯は食べましたか」というセリフがある。あいさつとして直訳されている。
5．栗田先生談：「味噌汁を３杯食べると馬鹿になる」はあながち嘘ではない。味噌汁が持つ塩分が３杯も食べると過剰になり、高血圧及び脳卒中を引き起こすことになる。昔の人は、それを戒めるために「味噌汁を３杯食べると馬鹿になる」と言ったのだと思う。

国内活動：共栄植物、ハーブ栽培
21 奉仕会随想

梶谷満昭(S49年農卒)
きよみ(49年拓卒、旧姓:秋山)

学生時代のバングラデシュの水田代掻き経験から、夫婦故郷で有機農業を実践することに。栗田先生の『共栄植物とその利用』に啓発されてハーブ栽培に進む。満昭が交通事故で障害を負うも、多くの人の温みや人情に囲まれて回復。小さな農家なのに海外からシェフや食通に知られ、今や大きな夢が育つ場所に。農園は息子が後を継ぎ、人の輪ができ、若者が集まる。

東京農業大学を卒業して、すぐに広島の中山間地で有機農業を志し、半世紀近い時が流れました。まわりの人が私たちの農業を「アイデア農業」と名付けてくれました。考え、行動し、喜んでもらえる、そんなワクワクする農業でした。

孫8人同居中

ガールフレンドが出来た高校3年の孫が、私にお年玉の様に耳元でささやきました。「おばあちゃん、あと5年くらいでひ孫を抱かせてあげるからね」。

孫の言葉は私の通った道を思い起こさせました。大学を卒業すると同時に結婚し、私は23歳の時に長男を抱きかかえたり、背負ったりして農作業をしていました。18歳の高校生も5年で23歳です。今では3人の息子も家族を持ち、近くに暮らし、18歳から4歳までの孫8人になりました。

奉仕会のマンションは農大の近くの世田谷にあり、奥の間に藤本先輩がおられ、門間先輩も一時暮らされ、池田先輩、栗田先輩多くの人々の顔が浮かぶ、故郷の様な所でした。「なんでマンションって呼んだの」と、夫に聞くと「あばら家とはいえんだろ、マンションの方が夢があるだろう」と答えが返ってきました。本当におんぼろだったけど、夢か、熱意か、それとも理解不能な使命感で心弾ませ、マンションに通ったことを思い出します。

私が最初にキャンプに参加したのは、高崎で行われた奉仕会のワークキャンプで

した。寝袋を使うのが初めてで、まるで棺桶で寝ているようでした。キャンプで思い出すのは「仕事をするときには次に働く人のことを考えて働くように」と教えられました。今でもその声が後ろから聞こえます。大切な教えがなかなか身に付いていません。このキャンプ中に門間先輩が朝日新聞に掲載されている、独立まぎわのバングラデシュ援助活動の記事を持ってこられ、私の夫である梶谷と石川君・伊藤君は応募してバングラデシュに行き、耕耘機の使い方の指導をしました。わたしはせっせと日本の様子を夫に書き送りました。夫はその間、原因不明の熱病にかかり入院。熱に苦しむ中、私の手紙に励まされ、無事日本に帰ったら結婚しようと心に決めたようです。今思うに、奉仕会、門間先輩は私たちのキューピットでした。ありがとうございます。

　夫はバングラデシュの熱病の体験から国内で有機農業をすることに決め、故郷広島で野菜作りを始めました。朝市場に野菜を売りに行くと「あんちゃん、八百屋が出来るぞ」とからかわれるほど色んな野菜を作りながら市場調査をし、夏に作りにくいほうれん草の高値に目を付け、工夫して夏場のほうれん草を作りました。

　ある日、雑誌の一行に『ブローニュの森は食の宝庫』と言う文を見て「ブローニュに負けられん、私の住む久井町だって食の宝庫よ」と思い、この土地の風習や行事や食文化について調べました。田舎の宝物を街へ売り出したい。そう考え働きだすと、農業の面白さのとりこになりました。正月の春の七草・節分のヒイラギセット・こどもの日の菖蒲湯・秋の七草・春の七草を乾燥して年賀状にした春の七草便り。無我夢中で働きました。むろん、有機野菜も出荷しながらの日々でした。

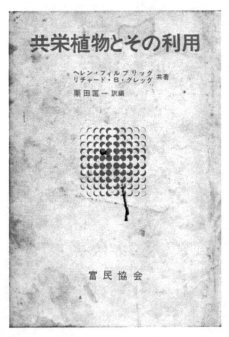

　ある日、突然栗田教授から『共栄植物とその利用』という本が送られてきました。その本を手に、野菜のそばにバジル、トマトのそばにナスターチュームなどのハーブを植えました。

　昭和50年代はやっと乾燥ハーブが入り始め、食の西洋化の波が家族に普及した時でした。生のハーブが無かった時です。ラジオで共栄植物の話をして、バジルやナスターチュームの話をすると、隣の岡山県の食品業者が、今話を聞いたと山の中の我が家まで来て、「フレッシュバジルを探しています」。わたしは「虫よけに植えたバジルですから欲しいだけ採って下さい」というと、その人はお礼に、分厚いハーブ辞典を下さり「これからはハーブの時代ですよ」と言って帰りました。これがハーブ農家の第一歩

でした。それからは母校のハーブの権威者・富高弥一平教授に指導して頂き、私はハーブ、夫は有機野菜を出荷しました。

　1993年3月、夫は中一の三男を留学の為、カナダのビクトリアに送って行きました。その年の12月1日、夫は交通事故に遭い、半身まひ、片足切断、脳挫傷。家に帰るまで2年を要しました。しかしその夫に私はどれだけ励まされたことか。

　車いす生活の夫は、カナダのナイアガラ園芸学校でバイオロジカルコントロール、コンパニオンプランツを学びました。これは栗田教授の書かれた『共栄植物とその利用』そのものでした。そして障害者の為のホーティーカルチャー（園芸療法）も勉強してきました。

　事故の直後、息子の留学先の教頭先生から、「学費の心配をせず、このまま続けて下さい」という依頼が入りました。あの頃　藤本教授がお見舞いに来られて涙が止まらなかったこと。地曳先輩、戸松先輩、門間教授、奉仕会の諸先輩からいっぱい励ましのお言葉を戴いたこと、夫の事故が今まで感じなかった、人の温みや人情を気づかせてくれました。

　私たちが育ててきた農園は息子が後を継ぎ、人の輪ができ、若者が集まり、海外からもシェフや食通が集まり、小さな農家なのに大きな夢が育つ場所になっています。私は退職して最近は96歳の義母のお供で、近所のお寺にお参りする日々です。夫は園芸療法だと言って趣味の世界に暮らしていて、山野草から始まり、今は和蘭に夢中で、一日の大半は蘭舎にこもっています。自分で交配して新品種を作り、夢の蘭を作って「夢蘭」と名付けるそうです。

　先日京都まで出向いて法名を戴きました。夫は「釈夢蘭」、私は「釈風蘭」とのこと。優しい夫と出会え、面白い人生まっしぐらです。夫との結婚のきっかけを作ってくださった先輩、青果市場勤め、ほうれん草作りや春の七草の販売を担当してくれた農大の同級生、頑張れよと声をかけて下さった農林事務所の先輩たち、校友会の人々、そしてハーブへの一歩を開いてくださった栗田教授。

　支え育てて下さった人々にお礼申し上げます。

　これからも奉仕会の仲間たちの結束力、支え合う力に感謝しています。

　自分の中にいきづく拓殖の志は、子育ての中に、生活の中に、そして孫たちの中に流れ続けて行く事でしょう。

　5年後には、ひ孫に会いたいものです。

2019、春

国内活動
22 「野生ギボウシを追って」

安倍　浩（平成4年拓卒）

高校卒業後アメリカで働いている時、農大関係者の縁で農大へ。卒業後、国際競争に負けない栽培作物を探す過程でギボウシに出会う。経験を積み2010年「ギボウシ図鑑」を発行。野生変異の発見や育種も。研究者・園芸家と繋がり専門性の高い展開を国際レベルで実践。

　皆さんはギボウシという植物をご存知であろうか？
日本を中心に中国、朝鮮半島、ロシアに分布する東アジア特産の植物だ。分類学上はキジカクシ科リュウゼツラン亜科ギボウシ属（Hosta　属）となっており、近年のAPG分類は複雑怪奇ではあるがユリ科（茶碗蒸しの具材）→リュウゼツラン科（テキーラ）→キジカクシ科（アスパラガス）と変遷を経ているわけである。個人的には酒の材料でも良かったのだが、偉い学者達の考えることは在野の我々には計り知れない。余談だが、ドイツでは真面目にリュウゼツランとの交配を試みて成功しているらしい。

　さて、Hosta 属が日本に幾つ、東アジアで幾つあるのかを考えるのが最近での安倍の仕事。勿論、生計は別で立てているのだが、大体、農業や園芸というと「家は年間生産量何トン」、「我が社は年間数十万ポット」なんて景気の良い話が多いが、凄く格好つけて云えば、「うちの仕事は日本国内で活かされていない遺伝子資源の活用」、まぁ、国内では人気の低迷している遺伝子をサルベージして海外のバイヤーに展開したり、実生選抜、個体選抜を行って増殖専門業者若しくは種苗会社に渡すのが今のお仕事です。野生変異の発見や育種も兼ねているので、日々のフィールドや探索、生産者からの情報収集は必須。元々は非農家ですが父は高知で国産のシンビジューム、寒蘭のコレクターで牧野植物園内にある土佐寒蘭センターの基礎になったコレクションは父親の物です。

　園芸的な素養は培われたのか知らないが、頭の出来は良くなかったので、高卒で渡米して温室の屋根にフィルムを貼る仕事をしていたのです。ところが、カリフォルニア州のアメリカンタキイに見学に行ったとき農大絡みの方に引っかかった為、帰国、農場技術練習生でお世話になってから拓殖に入る事になったのです。同時に当時まだ珍しかった春咲きクリスマスローズの実生を一万粒程やって、発芽した物を横浜の業者で開花株800株と交換、町田市鶴川に畑を借りて切り花生産を始めました。丁度バブルの真っ只中、季咲き（促成栽培でなく、自然に開花するの意）でも年間100万程売りあげていました。

　ろくに授業にも出ず、よく卒業できたなぁと思うのですが、これは良い友人と優秀な先輩、後輩のおかげです。学内で受けない授業は外で実地研修でする形になりましたが（笑）。育種は岩手大の橋本昌幸氏、分類とフィールドは薬科大の泉氏、販売は自由が丘市場、生産は各地の生産者で学びました。ただ、残念な事は当時はま

だ、分子生物学が一般的ではなかったので、現在、分類で苦労しています。

　私の卒業を待って、町田の畑が宅地化される事が決まったので、急遽土地を探す事になり、現在の場所に土地を借りて後輩の方々に手伝っていただき何とか入植でき、ありがたい事です。ところが、数年後黒船がやってきたのです。それは東京で情報収集していた所、清瀬の横山氏のご子息が、英国のクリスマスローズ専門の農園に研修に行っていると数枚の写真を見せてくれたのですが、その中には最先端の開花株が数千坪の温室内に景気良く咲いている写真があったのです。その時、これはうちの規模では負けると悟って次の物に切り替える決心をしました。何を？と考えた時、先ずは私の生産時の基本的条件を整理しました。

① 種苗費のかからない事（実生、株分けで苗を得られる事）
② 温度のいらない事
③ 無農薬、若しくは低農薬で出来る事
④ 観賞用、食用として産業化出来る事
⑤ 切り花、切り葉、苗などそれぞれの形態で販売が可能な事
⑥ 他の人がやってない事（自分で育種可能な事）
⑦ 国内外に販売出来る事

以上の条件が新しいものを探す条件でしたが、「そんなに都合の良い物が？・・・と考えていると、ある時、ギボウシに出会ったのです。すぐ近くの辰野町に戦前から栽培されている「天竜」という品種があり、作出、栽培を南荘園の吉江晴朗氏が一手にされておられ、直ぐに連絡を取って毎週通う様になったのです。

　そんなこんなで、10年程栽培したり、あちこちで書き散らかしたりした所で、日本ぎぼうし協会と誠文堂新光社さんからお声がかかり、日本初のギボウシモノグラフの出版ということで、国産ギボウシのまとめを任されました。途中、学術的解説をお願いしてあった某千葉大園芸学教室の先生が諸事情で降りてしまったため、分からないながらも何とかまとめ、学術的には不備のあるものの、2010年「ギボウシ図鑑」を発行、この中では私の先読みでギボウシの花に着眼点を置いて国内改良品種や野生からの選抜個体を紹介、これが現在の私の育種方向の基礎になっているのだが、一方で、これが禍根を残し、現在まで続く野生ギボウシ行脚へと繋がる事になるとは、この時は思いもしませんでした。

　本が出版され、色々な方にご意見をいただき、現地調査、分類上の不勉強と我が身の至らなさを痛感し、仕事の合間に時間を作って各地の野生ギボウシ探索、調査を始めたのです。調査の仕方、方法については、荻巣樹徳博士に指導をいただき、調査項目、フィールドノートを作成しました。数を見るための調査に明け暮れていた2011年、フィールド調査で青森県龍飛崎での事、アメリカギボウシ協会のエージェントがバンバン調査とサンプリングしているのに出会ってしまったのです。前川文夫博士1940年、藤田　昇博士1976年以降、大きくまとめる研究者が日本にいない為、

海外から調査に来ているとの事。それを見て「日本の学者は官費で研究しているのに日本の植物一つまとめられ無いのか？」と愕然としました。聞けば、研究室に閉じこもって顕微鏡覗いたり、クリーンベンチに座る人はいても、フィールド調査を行う学生、研究者は稀有だと、「日本の植物は日本人の手で纏めんでどうする！」と、野生ギボウシの本を改めて出そう考え、調査を重ねて現在に至るのです。始めてみると中々に厄介な事も多いのですが、各地の研究者や諸先輩、友人、旧帝大系の標本室にお世話になりながら、何とかやっています。

　取り敢えず、昨シーズンまでで、屋久島と隠岐島を残し国内の主な自生地での調査は終了しました。また、昨年はロシアのハバロフスク周辺と旧満州国境、サハリン、中国は四川省、雲南省での調査を行い、残すは朝鮮半島での調査で東アジアを一通り見た事になります。分類屋さんはピンポイントで物を見る為、どうしても視野が狭くなりがちです。特に園芸家を下に見る傾向の有る日本ではその植物に変異の巾がどの程度あるかの経験値が低い。海外から調査や見学に来る園芸家は必ず学者を帯同して来るので、効率よく調査が進むのです。

　日本では両者の仲が悪いため、大変損をしている。また、園芸家も学者もサボっているという見方も出来る。これは、ギボウシに限らず、他の植物についてもである。そのニッチな分野に安倍の価値をつけると決意して約 10 年、現在では海外から野生のギボウシを見に来る研究者、園芸家は私に問い合わせとガイドを頼むようになった。海外の育種家、バイヤーとの繋がりも多くなり、日本ギボウシの栽培品種、改良品種についても私に問い合わせと解説を任されるようになった。照会、種子交換、収集と販売も同様である。日本のマーケットは縮小傾向だが、海外での需要はまだまだ大きい、食糧生産の重要性もだが、「人はパンのみにて生きるに非ず」の気持ちで今日も心の糧を作っている。

ここまでザックリ、一気に書いたので文章は読み辛くおかしな部分もあると思うが、ご容赦下さい。

　○アメリカギボウシ協会（American Hosta Society）：世界に会員 16,000 名を有する組織である。海外でのギボウシ人気の牽引役だけでなく、研究、品種登録、レジストリ作成など園芸植物としてのギボウシの重要項目を独占している。直近 2017 年のレジストリへの品種登録数は 8,700 品種が登録されており、そう遠くなく 10,000 品種を突破すると考えられる。

　○日本ぎぼうし協会（Japan Hosta Society）：前身の園芸ニュースレター刊行会よりの会で会員数 100 名程の小さな会、フィールド調査で出会った日本蘚苔類学会の会員数が 500 人と聞いて愕然とした！

　○前川文夫：東京帝国大学理学部植物学研究室出身の同大学教授、後に東京農業大学育種学研究所員、進化生物学研究所主任研究員。1940 年世界に先駆け、ギ

ボウシ属の研究論文を発表した。「The genus Hosta」1940．海外の Hosta 属の論文は殆どが前川博士の物をベースに書かれることが多い。後年、出征前にまとめた論文に間違いや、園芸品種が含まれるため、後悔しているとの記述もあり、また周囲の人にも話して居られたと聞く。

○藤田 昇 ： 京都大学大学院理学研究科修了後、京都大学准教授 1976。前述の前川博士の論文を纏める形で 40 種から 23 種に集約した論文「日本産ギボウシ属」（The genus Hosta in japan ＝大陸の物は含まない）。現在、国内の植物園で批准されている Y リストにはこの論文が用いられている。

○荻巣樹徳 ： 日本の植物学者、プランツハンターである。中国を主なフィールドとし、バラ科の Rosa chinensis や、クリスマスローズの仲間で Helleborus thibetanus などの再発見で有名、1995 年英国王立園芸協会より、ヴィーチ記念メダルを受賞した。2004 年吉川英治文化賞を受賞した。著書「幻の植物を追って」講談社 2000 年。

○園芸ニュースレター刊行会 ： ガーデンライフ等で活躍した園芸家、故・平尾秀一氏の意を汲む園芸家中村辰男氏と有志が集まって出来た育種家のための情報交換、人材育成、教育を目的とした会。当時一流の園芸家、生産者、研究者と一般の育種家、園芸家を繋ぐただ一つの会であった。この会からは日本ぎぼうし協会始め、リコリス・ネリネ品種保存会、オールドローズの会、日本君子蘭協会、等々独り立ちした会が多い。

○ぎぼうし図鑑 ： 2010 年に発行された日本初のギボウシ専門の大型図鑑。今見ると間違い多い。

◇画像 1 ： 白馬にて米国ギボウシ協会幹部、英国ギボウシ協会幹部と撮影
　　　　　　Hosta sieboldiana var.glabra（ナメルギボウシ）の観察 7/20

国内活動：自給自足の共同生活
23 「緑の家」と私

大西（小林）賢二（S60年経卒）

有吉佐和子の「複合汚染」に影響を受けて農大へ進学。有機農業を実践する奉仕会に入会し、「向志朋」と呼ばれていた、関戸孝明先生の旧家で会員と共同生活。機械に頼らず、農作業の全てを手作業で行う、「不思議な原始的農業」を頑なに実践。実は「緑の家」とは大西が名付けた。

「大西先生、【緑の家】って今も、町田市にあるそうですよ」
　昨年の6月、農大に進学し教育実習生として母校に戻った教え子のT君が、そう教えてくれた。彼が高校在学中、私が授業の余談で【緑の家】での体験や生活を話したことを覚えていてくれたことと、場所と家屋自体は違うとはいえ、卒業し三十有余年も経った現在も存続していることにいたく感動した。
　「へぇー、それは嬉しいなぁ。実は【緑の家】の名付け親はおれでな、'80年代前半、旧西ドイツの環境政党【緑の党】ってのがいろいろニュース等で採り上げられていてさ、それと当時【緑の家】は横浜の緑区にあってな、おれらは無農薬・無化学肥料栽培で、野菜に関しては完全に自給自足の共同生活をしてたからさ。そんなこんなで、おれのネーミング案が採用されたって訳やわ。当時、横浜市内に住んでて、家賃一人あたま、五千円って安すぎやろ（笑）？・・・・云々」
　人との出会いや一冊の本との出会いに、その後の人生が一変することは、誰もがその半生を振り返ったとき、多々あるかと思う。中学三年の時に、担任の先生の薦めで読んだ故有吉佐和子氏の『複合汚染』が、その後の私の針路を決定づけたようだ。非農家で農業など全く興味が無かった私が農大に進学し、当時、農大で唯一「有機農業」を活動の柱としていた奉仕会に入会。当時2年生の井中・勝沢・三浦・宮良先輩が共同生活しながら有機農業を実践しているとを聞き、私は経堂駅近くのアパートを半年足らずで「えぇーい、ままよっ」と出家？し、当時【向志朋】と名付けられていた大家・関戸孝明先生の※旧家に晴れて入家！？したことは、今では必然だったと考えている。（※関東大震災にも耐えた、蔵も含め建坪約百坪の堂々たる家屋）　沢山の【緑の家】での思い出があるが、生まれて初めての経験も数多くあった。例えば中古の軽トラックを住人

軽トラックが無かった頃の農作業風景／リヤカー付きカブで、収穫物等運
（'81年）中央：宮良 聡先輩　左：松田 明君　右：大西（小林）

たちで共同購入する以前は、ホンダスーパーカブの荷台にリヤカーを括り付け、私たちが日々製造・産出した？屎尿を肥桶に汲み取り（江戸の昔においては良質で貴重な有機肥料であった）、下肥として利用するため畑に運んだり、収穫物を載せ、近くの住宅街へ引き売りに行ったりもした。無農薬・有機栽培の野菜としては安い単価で販売していたので、売上げが一万円を超えると、「今夜は焼き肉だぁ！」などと喜び勇んで、食べ放題の焼き肉店に行き「祝勝会」？を開いたりもした。

　また、二反三畝あった畑には一切散布しなかった農薬（殺虫剤）を、なんと家の中で散布したこともあった。猫好きな後輩の開発君が拾ってきて飼い始めた猫と無精な男所帯で不衛生極まる室内環境が原因と思われるが、蚤が大発生し（ピョンピョン跳びはねる蚤を私は何度も目にした）、全身の痒さに住人が堪えかねた為である。

　住人の宮良先輩は、彼女を誘う際に「おれとドライブしようよ。おれのクルマは、ツーシーター、ドアミラーでカッコイイからさぁ」と、時にプライベート使用もありだったのは、共同出資で購入した排気量360ccの中古のオンボロ軽トラックだ。当時、刈払機も使わなかった（買えなかった？）私たちの唯一の農業機械がこの軽トラで、堆肥の材料に良いのでは、と大学の馬術部で頂ける馬糞を運んだり、引き売りに使用したりと大活躍であった。今、考えると小型の管理機や刈払機ぐらいお金を出し合って買えば良かったのに、とも思うが、なぜか当時は耕耘はスコップで天地返し、平鍬で畝を立て、ポリマルチは極力使用せず草マルチ、畑の法面の雑草は鎌で手刈りするものと、頑なに考えていたのが不思議と言えば不思議で面白い。額に汗光らせ天地返しや下肥を撒き、ある後輩にいたっては収穫した蕎麦を、木の棒で叩き脱穀したりと、農作業のすべてを手作業で行う私たちの姿が、近隣の農家の方たちからは「学生さんらが、昔ながらの農業、いやあれは原始的な農業だ」などと言われながらも、好意的に受け止められていたようだ。

「そんな鍬の使い方はダメだ。こうやってみろ」と手ほどきを受けたり、「米ぬかをふると、サツマイモ、甘くなるから」等々。また地域の運動会にも、若手が少ないからと誘われ参加し、近隣の人々と親睦を深められたのも楽しい思い出である。　最後にひとこと言わせて下さい。「緑の家よ、永遠なれ！」　合掌

写真2　夏季ワークキャンプに向けて緑の家にて予備キャンプ／先発隊の見送り '84年

国内活動
24 奉仕会の思い出

愛川　恭二（昭和48年拓卒）

農大紛争時の拓殖学科団体交渉で栗田先生が攻撃的な質問に対して泰然自若として具体的に反論する姿を見た。その後の世界情勢の推移は先生の指摘通りだった。授業を受けた記憶は殆ど蘇らなくても、部室代わりの岩崎マンションの光景、先輩・友人の顔は目に浮かぶ。

農大の拓殖学科へ入学したのが昭和44年ですから、50年前になります。半世紀と言えば長いものですが、あっという間の感があります。記憶は年々薄れていきますが、写真のように頭に浮かぶ場面もあります。当時の拓殖学科の入試には面接がありました。面接室では幾組かの面接試験が行われ、私の面接担当は伊東学科長だったと思います。多分志願理由などを聞かれたのだと思いますが中身は覚えていません。何故か右隣で面接官をされている先生が気になりました。椅子に胡坐の格好が印象に残ったのかもしれません。その時はその先生が誰であるか知る由もありません。後に奉仕会へ入会してその時の先生が顧問の栗田先生だったことを思い出します。

奉仕会への入会では、教室で1年先輩の門間さんに勧誘されたことを覚えています。自分でも奉仕会に対し何か感じることがあったのでしょう、出席番号が近い池田好雄や上信行と相談して入会を決めた気がします。同期の栗田絶学はしばらく後の入会だったと思います。入会後すぐ、厚木農場までの夜間行軍へ参加するので準備しろとのこと。夜間に長距離を歩いた経験もなく、眠気や足の痛みで最初の辛い経験でした。次回からは少し余裕もでき、4回とも歩ききることができました。栗田は下駄で歩いたことがあったのではないかと記憶しています。

奉仕会は毎年ガイダンスキャンプを4月下旬からのゴールデンウイークに山梨県の金峰山山麓柳平で行っていました。中央本線塩山で降りバスで窪平へ、そこからはリュックを担ぎ7キロほどのトロッコ道を柳平まで歩いて上った記憶があります。柳平には、戦後開拓入植された5戸程の酪農家とSCI会員の一家族が住んでおられたと思います。昼間は酪農家での手伝い、牛舎から牛糞を集め、傾斜のある牧草地へ散布したりしました。夕食後は一部屋へ集まり車座で議論を交わし、時にはギター伴奏での合唱だとか、その場面の記憶があります。ただ、寝泊まりは、テントだったか、家屋だったか思い出せません。議論の中身は、人間形成、自己形成とか難しい話だったのかな。1年の夏休みに北海道別海町の酪農家でお世話になった時には、心身ともに疲れてしまったのか、胃潰瘍を患い和歌山の実家での療養生活を余儀なくされ、われながらひ弱さを感じざるを得ませんでした。

2学期には大学へ戻りましたが、大学紛争のあおりで校内も徐々に荒れ模様、拓殖学科でも最終的には講堂での団体交渉の形となり、活動家的学生から舞台に座った先生方に攻撃的な質問を浴びせるのですが、栗田先生は泰然自若、ソビエトや中

国の共産党が革命の名の下どれほどの人々を殺害してきたかの歴史を述べるなど、具体的に反論するものだから、学生からの二の矢、三の矢は結果的に空砲に終わった気がします。その後70年安保を境に学内も落ち着きを取り戻していったように思います。ただ、自分はこの頃から授業に出ないことが多くなっていました。奉仕会のワークキャンプには辛うじて参加していたが、目標や目的もなく図書館で気の向くままの読書、アメ横でパチンコ、新宿で映画と2年生の大半はこんな生活でした。

　3年になると、流石に軌道修正の必要性を感じたのか岩崎マンションに入居し、少しは真面目に授業を受けるようになりました。夏には初めての海外韓国ワークキャンプへ参加。地曳ご夫妻、千葉先輩のおられる慶州希望村の国際奉仕農場では、河川敷の畑に桑を植え付けるための穴掘り作業、農家の手伝いで1ヶ月ほど滞在したと思います。その間の休みの1日か、1人で仏国寺と石窟庵の観光をした写真が残っており、かすかな記憶では石窟庵へは徒歩で登ったかと思います。光州市では、幼稚園だったか何らかの施設へ寄り、そこから隊員別々に10日間ほど民間の家庭でお世話になりました。私の場合学校の先生宅で、別に挿し木苗を育てていました。そこの別棟に日本語で会話できるおばあさんが住んでおられて、戦前東京で住んでいたころ大変世話になった施設長がいると写真を出してきました。それなら結果はどうなるか分かりませんが探してみましょうと約束し、帰国後都庁へ出向きました。聞いていた施設名や施設長名を伝えると、担当部署の職員が親切に古い文書綴りから、該当者じゃないかと思われる方を探し当ててくれました。

後日、教えてもらった自宅を訪ねると、ご高齢になられた本人にお出会いすることができ、韓国での経緯を伝えると、少し思い出したようでした。韓国のおばあさんにも日本での結果を伝え、少しは橋渡しの役ができたかなと思います。一方、韓国で私が大変お世話になったことがあります。群山市を訪れていた時に、食べ物か飲み物に当たったのでしょう、猛烈な下痢と腹痛にみまわれました。市内の医院で診察、治療してもらったお陰で1日か2日で回復したと思います。この時診てくださったお医者さんは治療費も取らず、言葉だけのお礼で済ましてしまいました。お名前も連絡先も聞かず、当時はもの知らずの学生で通せても失礼なまま今日迄きてしまいました。

　国内のワークキャンプでは、茨城の萬蔵院は定番でしたが、奉仕会の名付け親が後に真言宗豊山派管長、長谷寺化主になられた故中川祐俊和尚であることを今回初めて知りました。本堂の板張り部分の雑巾がけ、炎天下での天地返し、青山ほとりを歌いながらの大根踊り、エールの練習、今は亡き藤本先輩の指導の姿が目に浮かびます。また、和尚から東京裁判で被告人の無罪を主張したインドのパール判事のことを教えていただいたことが印象に残っています。後に、2年間特別研究生としてお世話になった日本高等国民学校での冬のキャンプでは、使用していない古い校舎で寝泊まり、寝袋に冷たい空気が入らないよう必死でチャック、寒さで眠れない

かと感じたが、昼間の労働の疲れで朝まで一気の睡眠でした。他にも田植え援農など奉仕会にとってワークキャンプは重要な取り組みでした。ただ自分の中身はあまり変わらず、4年になっても先のことは考えられず、一旦マンションを出ました。

　奉仕会活動への参加も徐々に減って行き、本来なら最上級生としての役目を果たさなければいけないのに何も出来てなかったと思います。卒業間近になっても進む方向が定まらず、やっとぎりぎりの状態で栗田先生に紹介状をかいていただき国校でお世話になりました。栗田先生には会員の一員として何かの折に話を聞く程度で、個人的には少し距離がありました。近づくとあの眼光鋭い目で自分の弱さを見透かされる怖さを感じていたのかもしれません。在学中に聞いたお話の中で今でも印象に残っているのが、東西問題、南北問題、宗教問題と世界中で起きている問題で、将来的に一番難しいのは敢えて言えば宗教問題かと述べられたことです。当時はまだソビエト連邦があり、宗教問題も今ほどではなく、イスラエルとパレスチナの対立が目立つ程度だったと思います。その後の推移をみると先生の指摘の確かさが際立ちます。

　なんとか4年で農大を卒業出来たのも奉仕会との繋がりが切れなかったことが良かったのだと感じています。大学で授業を受けた記憶はほとんど蘇ってきません。部室代わりの岩崎マンションは授業で誰もいなくても立ち入り自由。会長部屋には、戸松さん、藤本さん、一番奥の部屋は米崎さん、庭に面して竹内さん、真ん中が内藤さん、後に私が入った玄関入口左は江頭さんだったか菅田さんだったか、同期の池田や栗田の顔も浮かびます。卒業後は、国民高等学校で、蔬菜部門で1年、稲作部門で1年と計2年間世話になり、1年の無職を経て59歳で退職するまでずっと郵便局で勤務していました。農から離れてしまいましたが34歳で和歌山の山村にある実家に戻ってからは野菜を育てています。身体が動く限り、続けたいと思っています。

奉仕会主催栗田先生33回忌OB会での集合写真（平成30年10月。後列左端が筆者）

国内活動
25「農大奉仕会」と私

橋本敬次((昭和42年畜卒)

4年生時に韓国で開催された「インターナショナルワークキャンプ」に参加、活きた国際協力を学ぶ。卒業後、協力隊隊員としてラオス王国に赴任。その後定年までJICAの国際協力専門員として仕事を続ける。「奉仕会」という共通の立場で活動を続けられたことを誇りに思う。

　栗田先生の33年回忌にあたり文集作成の依頼が届いた。私は畜産学科の卒業生であり、奉仕会の入会も3年次に小野先輩の誘いによるもので、在学中は栗田先生の話をお聞きすることはあったが、大学での講義を受講した記憶はない。従って、萬蔵院住職の中川祐俊大僧正や慈光学園キャンプも参加の記憶もないので、みなさまのようにこれらの先生方との付き合いはうすく思い出も少ない。

　しかしながら、栗田先生の指導のもと、農村開発や国際協力に力を注ぎ、農業のあるべき姿を実践する若者たちの育成に生涯をささげられた先生の言葉と情熱は忘れたことはない。私が大学卒業から定年退職まで国際協力を生涯の仕事として取り組むことが出来たのは、先生のご指導と奉仕会の仲間との出会いがあった故と信じている。大学3年生の春頃から、当時の言葉では「援農」（当時はボランティアという言葉は一般的ではなかった）と称して、千葉県や茨城県などの農家へ田植えや収穫の手伝いに、また、国民高等学校（茨城県内原）では、加藤完治先生の指導で学生と一緒に農作業や90キロメートルの日帰り行軍に参加し、農業教育の神髄に触れた思いをした。

　最終学年の年には奉仕会の仲間と2か月間、韓国で開催された「インターナショナルワークキャンプ」に参加し、海外の若者たちと異なる環境と文化の中で、活きた国際協力を学ぶことができた。卒業後は、これらの仲間とともに韓国での奉仕活動の継続も選択肢にあったが、前年度に発足した「日本青年海外協力隊」（JOCV）（国際協力事業団の前身である海外協力事業団 OTCA の事業）の農業隊員として、2年間東南アジアのラオス王国に派遣された。韓国で奉仕活動の継続を選択した同期の地曳氏や、千葉氏、鈴木氏、ネパールへ旅立った竹村夫妻の活動を忘れることはなく、協力隊員としての任期終了後は、また一緒に活動出来ることを考えて仕事を続けた。

　私は、韓国での活動を続けることはできなかったが、ODA予算拡大と国際協力事業の拡大のお蔭で、国際協力事業団（JICA）の派遣専門家としての活動が可能となり、65歳の定年まで国際協力専門員として仕事を続けることができた。

　私たち奉仕会のメンバーはかずかずの活動体験を通して多くの方々に支援・協力を頂き、奉仕会という共通の立場で活動が続けられたことを誇りに思うと共に、今後とも交流を深め、故人を偲び、思い出に残るOB会の仲間と活動していきたいと考えている。

国内活動
26 奉仕会と私

清水治夫（昭和 54 年拓卒）

海外活動から有機農業へ移行期の奉仕会に入会。栗田先生のゼミでは『農業聖典』、『沈黙の春』等、有機農業に関する内容に。卒業後は「ないないづくし」の戸松正の帰農志塾で研修。「安全な作物を作って消費者に届ける」、自分に正直に向き合って続けることが「力」になる。

　東京農業大学に入学して、直ぐに奉仕会に入会した。当時、海外での農業協力活動を目指していた。私は海外での活動を盛んに行っていた奉仕会を頼もしい存在に感じた。奉仕会の OB、先輩の多くが海外で活躍していた。それも現地に沿った独自の活動を行っていた。

　ところが、私が 1 年生の夏休み以後、奉仕会は有機農業運動へと活動を移行した。海外活動は一切やらない事になり、国内の有機農業農家への実習、調査へと変わって行った。週 1 回大学で行われた栗田先生のゼミも「農業聖典」「沈黙の春」等、有機農業に関する事が殆どになる。

　「どうして有機農業なのか？」「有機農業の必要性は有るのか？」分からないまま活動は進んでいた。

　そのころ、ベトナムから帰国した戸松先輩が、有機農業を志して茨城県猿島町（現坂東市）で農業を始めた。借地借家、無い物尽くしの出発だった。有機農業を情熱を持って、語っていた。私は卒業後、戸松さんの所で研修を始めた。農業への第一歩だ。

　安全な作物を作って消費者に届ける。喜んでもらえる作物を作る。正義感を持って、社会に貢献できる仕事だと思った。それ以来 40 年間茨城で、農業を続けている。深く奉仕会と向き合った訳では無いが、自分の人生の上で原点となった。自分の思い通りに生きている訳では無いが、自分の世界を自分で作っている。心の余裕が自分を支えている。季節に沿って野菜を作っていく。出来た野菜を出荷する。そんな日々の繰り返しが、身に付いてくる。

　今は、4 人の孫がいる「爺さん」になり、それでも変わらない日々を生活している。「人生をどう生きるか？」「何をすべきか？」「奉仕会とは何か？」解らない事だらけだが、自分に正直に向き合って続けていく。それが「力」になる。

　栗田先生は、その後「内観」について語るようになり、「内観」の必要性を、強く訴えるようになる。「答え」は解らないかもしれない。最後の最後まで人生を見詰める。

国内活動
27 栗田先生からの贈り物
清水美智子（昭和 52 年拓卒、旧姓：中島）

前掲清水治夫との結婚祝いに栗田先生から頂いた「仰水六則」で、「自分の思いを貫き通しなさい」と受ける。卒論テーマとした「茨城県三芳村」の主婦が記した 2 冊の本に巡り会い、その中に栗田先生の『共栄植物とその利用』の影響を見る。どこかでみーんなつながっている

　1981 年結婚のお祝いに頂いた、先生の書です。桜の樹皮の工芸品の額に、納められています。浅はかにも、ずっと先生の作品だと思っていました。

　大河ドラマ「黒田官兵衛」の「水五則」と知りましたが、太田道灌、王陽明、老子などの説も有り作者不詳です。

　先生のは「仰水六則」6 番目は、先生の五則のまとめなのか、補いなのか、私には分かりません。頂いた時は 20 代です。水の資質の分析、雄大な表現に感銘しました。卒業時に頂いたもう一つの色紙、「現在に迷う者には将来なく、今日自失する者は明日を語る可からず」と重なり「自分の思いを貫き通しなさい」だと受け取りました。

●水五訓（水五則）
　一　自ら動して他を動かしむるは水なり
　二　常に己の進路を求めて已まざるは水なり
　三　障害に逢ひ激しくその勢力を百倍しえるは水なり
　四　自ら清うして他の汚れを洗い清濁併せ容るるの量あるは水なり
　五　洋々として大洋を充満し発しては蒸気となり雲となり雪と変じ霞と化し凝っては玲瓏な鏡となり然もその性を失わざるは水なり

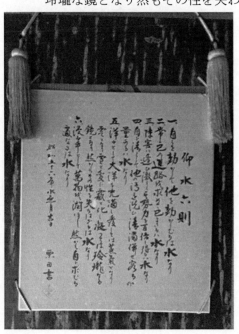

　水は指導者、権力者。立ち止まる事も、考える間もない。水には自制心が、見受けられない。自己制御が出来ない。

　65 歳になる私が、こんな解読をするようになったのは、2011 年 3 月 11 日からです。津波は命も文明も、有機も無機も、飲み込んでしまった。そしてまた、何も無かったように、ゆったりとした海になる。まさに勢力は百倍どころか無尽大。他の汚れを浄化することは出来ず、汚染水に打つ手が無い。

　今日までの 8 年間、日本列島は災害が多発しています。被害も加速度的に、甚大化しています。隣接している常総市も、3 年前に鬼怒川が決壊して、市役所、図書館等も水没しました。水の怖さばかりを、警戒するように

なりました。

　先生が加筆されたと思われる六則：
　「浸々として萬物を潤ほし然も自ら求むる滴なきは水なり」
　私はこの水は雨と連想します。日照りで畑が砂漠のようになった時、重労働の灌水をしても焼石に水。恵みの雨が、たっぷりと降った時の感謝の心境です。心も潤してくれます。疲労も解消されます。自然に手を合わせます。
　萬物を平等に潤す。あくまでも「自ら求むる滴」は、とても強いです。頑固です。指導者、権力者の姿が見えます。弱い者は平等、民主主義を願います。しかし、崇高な民主主義は実現出来ていません。善意の独裁者「自ら求むる滴」が、萬物を潤しながら、世界平和を実現することを、願い続けています。
　他力本願です。どうしたら、少しでも気持ちよく暮らせるだろうか？と、草取りしながら、考え込んでしまいます。体力も経済力もありません。時間も金も、自分の為に使う時より、人の為に使った時の方が、気持ちが良い思いをしました。わずかなものです。自分より人の為に使える分を、増やして行きたいと考えています。

　私の手元に2冊の本が有ります。農大や奉仕会とは関係がない主婦の方々が書いた本です。この2冊の本を所有した時期は大きく離れています。求めた動機も違いました。ところがどちらの本にも「栗田先生にお世話になった」という内容の記述が有って、驚きました。

「安全な食べ物をつくって食べる会」
　　30年史　2005年5月27日

【308ページ】：戸谷委代さんが、日本有機農業研究会について書いている。

「栗田匡一農学博士に、夏野菜の葉物で困っていたとき、研究会の合間に相談したところ、ご紹介くださったのがエンサイであった」（本書より引用）

先生の翻訳書『共栄植物とその利用』について、研究発表がされた事も書いている。

> 常総生協の組合員さんの本
> 語り手　　　　：武谷妙子
> 聞き手・まとめ：村井和美

　10年前、常総生協の「平和のつどい」で、武谷妙子さんの戦争体験を聞きました。2年前に「80歳を過ぎて、伝えたい事を本で残したい」と、おっしゃいました。私は、語り切れなかった戦争体験を書いて下さるものと、その勇気を尊敬しました。

　ところが、出来上がった本を読んで、びっくりしました。殆どが三芳の産直組織「安全な食べ物をつくって食べる会」の活動記録なのです。

　私は武谷さんとは、個人的な御付き合いはありませんでしたから、「食べる会」の会員であったことも知りませんでした。

　私の卒論は「三芳村」、指導教官は栗田先生です。武谷さんと同じ時期に、三芳村に通っていたのです。

そして【13ページ】

> ・・・三芳村と聞いて、あれっ！・・・K先生のこと、
> あぁっ！凄い！私の恩師だ、「安全な食べ物をつくって食べる会」のTさんも。
> 先生に夏場に強い葉もの「エンツアイ」を教えられたが種がなく、台湾の留学生さんが準備してくれて栽培したっけ。そして次から次へとあの時が蘇ってきた。やっぱり、どこかでみーんな繋がっている。(本書より引用)

　勿論、K先生は栗田先生です。留学生は、私と同期の董翠美さん。今は、元副学長の豊原秀和氏の奥様です。「食べる会」のTさんは戸谷委代さん。

　今、エンツァイは空芯菜として、広く知られています。九州では栽培されていたようですが、全国的に広まったのは、栗田先生の功績かもしれません。

(2019.3.11)

人生を貫く栗田哲学、奉仕会精神

28 栗田先生との出会い

後藤國夫（昭和44年拓卒）

栗田先生の「君はサターンの加勢をするのか？」との問いに生涯をかけて解を求める。人間の安心感は物質の充足によって一部達成されても、「経済主義に振り回されない人間主体の社会を確立する」為には、如何にあるべきか？　墓碑に刻まれた言葉にどう答えるか？

　1970年2月埼玉農業試験場での研修を終えて、3月からの青年協力隊事業に参加するための報告に熱帯研究室の栗田先生に挨拶に行った。その時に受けた言葉が、私の人生に大きなインパクトを与えたのである。

　それは、「君はフィリピンの農村に赴き、サターンの加勢をするつもりか？」という強烈な質問であった。かの地で協力事業をすることが、悪魔の手伝いをすることになるという意味である。私にとっては、この質問は将に青天霹靂であった。

　以来、72歳を超えた今日まで、このサターンの答えを求めて、生きてきたといっても過言に当たらない。人との出会いが、将来どのような結果を招くか、当時として知る由もないが、時として相手に大きな衝撃をもたらすことがある。これをどのように相手に与えるかは教育者の才能である。これを考えると栗田先生は稀にみる素晴らしい教育者であった。

先生の言葉を現代社会に置き換えてみると、

フィリピンに限らず、すべての国は、経済的繁栄を希望しており、そのことが国民をして一大動員をかけているのが現実である。この経済的繁栄は一に、消費を奨励することから始まる。それは物的生産を薦め、廃棄され、新しい物にとり換えられ、さらに捨てることを常態化する。換言すれば、消費社会の拡大は生産を促し、その行為が先進的であるという風潮になっている。このとどめのない消費生活は、膨大な量のエネルギー（日本人の場合1950年比で5倍、アルミニウムは4倍、25倍の鉄鋼を消費している）や化学物質、プラスチックなどを多量に消費しなければならないし、自分の体重と同じほどの資源を毎年、農地、森林、草地、海洋、鉱山から搾取しなければ成り立たない。これがサターンに加勢する証である。

　その結果は、地下資源の枯渇を招き、大気中に有毒物質をまき散らし、回復が不可能になるほどの森林破壊、土壌、水、大気などに大きなダメージを与えている。このままの消費生活を世界中に広めていけば、地球環境は早晩、立ち行かないことは明確である。その行く末は人類の滅亡しかありません。滅亡したら、元の木阿弥。何をか言わん。

　この滅亡的潮流は先進諸国だけに限らず、後進諸国、資本主義、社会主義諸国にも広がっている。すなわちこれが人類の生活のパターンである。そして人々は、所有物の多さを自慢し合い、生産高を誇り、報酬の多寡で、人間のランク付けさえ決

められ、国として物の動きの多い国は先進国と呼ばれ、沈滞している国は後進国と呼ばれている。

　しかし、いかに物質的生活が満足しても、人間の精神的満足は得られるものではないことを先進国の人々は体験的に理解している。

　それは物を所有したいという欲望はとどまることをせず、限りなく拡大していくという性質をもっており、いつまでたっても満足することが無いからです。

　人間の安心感は物質の充足感によって一部分達成される。しかし物やお金の所有にかかわる満足感がいつまでも完成せず、常に不平と不安であるとしたならば、物質中心の生活をつづけている限り人間の安心感や幸福感は一生成就されない。つまり、人生の目的や意義を見出すことも無く、自分のアイデンテイを確立すべき人生が何のためにあるのかと考える時間さえ無くしてしまう。

　栗田先生は、こうした人間不在の経済主義に陥る社会の構築を極端に恐れていたためにあえて、私をしてサターンになると警告したのです。

　しかし、先生は、経済活動の全てを否定したのではありません。自身の指導による

日本農村青年教育に精魂を打ち込まれた日本高等国民学校（現:日本農業実践学園）の加藤完治翁を囲んで。栗田先生も京都帝国大学農学部卒業後、一研究生として学んだ。
後列左から、難波輝久、中川作男、佐野英紀、吉田、田中義登、野口、地曳隆紀
前列左から、久保田、藤田、橋本敬次、加藤完治翁、後藤國夫、平山英昭

ネパール国ラプティ農場の設立趣旨で示したように経済行為が無ければ、現在のような近代文明はありませんでした。その行為を肯定しながら人間の行動の在り方を教えてくれたのです。それは「経済主義に振り回されない人間主体の社会を確立する」ということだったのです。

経済は物の生産に関わる活動の本体である文明の一形態であり、それらは、人間の内面に影響を及ばすほど重大なことでは無いということを教えたかったのです。

そうして、家族を持ってから、仕事の意義や価値を見出せぬまま、いろいろな事業をしました。その中で金銭的に儲けたときもあれば損をしたこともありました。それらの事業をしている間にも、常にこの仕事は「サターン」の加勢をしているのではないだろうかという疑問が起きてくるのでした。たとえ生活水準が向上しても、それらが、心から安心できるものではなかったのです。

この安心できる心境を確立するために、先生のサターン論を受けてから50年経過して、やっとのことで前に述べたような回答らしき物を掴むことができたのです。

経済行動が人間の幸せ、絶対的安寧に貢献するのでないとするならば、「いったい貢献するのは何か？」とか、「生きるための指針は何か？」といった精神的考え方を求めていたのだと思います。栗田先生の質問は半端な答えを希望しておりませんでした。

それは何であったのでしょう。経済的生活を包含する生き方のことでした。宗教的生き方、哲学的生き方に他なりません。

これを具体的に説明すると、「自分で獲得した獲物は格別の意義がある」という古からの言い伝えに則ると、各自が考え抜いて確立すべきテーマであるし、「思考の醍醐味」を失うことを憂慮している理由により詳しい説明は削除することとなるが、最も深淵にして、重要な哲理であった。

栗田先生は、この回答を会得させるまで、私に大きな質問を浴びせ、激励してくださいました。

昨年10月に先生の33回忌法要が取手のメモリアルパーク墓苑で執り行われた。その後先生の墓前でお焼香をしたのですが、墓標には先生自筆の「至道無難唯嫌揀択」という趙州の偈が彫られていました。先生と同郷の岐阜県に生まれた臨済宗の僧侶無難禅師の得意とする言葉で、その意味は碧巌録によると「悟りの大道すなわち仏法はそんなに難しくはない。ただ、揀択を嫌う」。

「揀択（けんじゃく）」とは、簡単に言えば選り好みをする。色眼鏡で物事を見る。物事を分けて見る、といったことです。

一般的に言えば、自分のエゴや主観で、選り好みさえしなければ、道に至ることは簡単であるということです。先生にとっての存在や主観とは、どんなものだったかというと、この墓標に刻まれた「唯嫌揀択」だったのです。

運悪く先生は晩年に胃がんに罹ってしまわれました。凡人であれば、右往左往し、

茫然自失するのですが、家族や医師の勧めにもかかわらず、手術をしないで、自然死を選んで永眠したのです。そこには先生の哲学があったのです。これこそ「唯嫌揀択」と断言します。生と死、自己と自然が一体となったのです。この「一体」は、サターンの加勢を続ける人間の生活様式を踏まえつつ、人間は何を目標に、何を生活の信条として生きていくべきかを考え抜いた結果を我々に身をもって、表現したのです。簡単にいうと、物の多寡を競い、お金の有無に一喜一憂し、名誉やほかの欲望に振り回されて生活している人々に、それだけの世界に沈殿しない、別の生き方を実践していなければ、人生の楽しみが解らないという究極の「教え」が込められていたと確信します。

　別の表現をとれば、先生の生きざまは「自由人」その人の生き方であったといえる。この自由人になることを人生の目的にしている私にとって、先生の到達した「唯嫌揀択」を理解しないことには、自由人の足元にさえ及ばないことを知っているが故に、毎日、研さんを積んでいると言ったら、どのようなお叱りを頂戴することになるだろうか。

　この答はサターンの加勢をしている生活を凌駕して、自分自身の生きざまの発露になるに違いないという二番目の答えになると確信している。

　毎日の生活を続けながら、先生の到達した「至道無難」とは何であったかを、明らかにするために、論理的思考の組み立てに傾注している毎日である。

　図らずも、「栗田先生を偲ぶ」という内容で、今までの奉仕会の活動を紹介する機会にめぐまれ、駄文を投稿することになったことに感謝しつつ、この製本作業にご尽力くださった会員の方々に深甚からの御礼を申し上げる次第です。

2019年2月3日

晩年の栗田匡一先生。戸松正が茂原のご自宅を訪問したときの写真。このときの会話は「世紀末ランナーたち」の記事としてノンフィクション作家の野村進氏により週刊時事（1990年6月16日）に掲載されている。写真の日付は87.7.21日。この19日後の8月12日に他界され、ご遺体は千葉大に献体された。

人生を貫く栗田哲学、奉仕会精神
29 絵描きと奉仕会

竹内郁子(昭和50年拓卒:旧姓金井)

NHKで放映された奉仕会の活動を見て、画家になる進路を変更して農大へ進んだ。卒業後日本画を本格的に学ぶ。東南アジアの人々の温かさに触れ、原風景を描くことにした。奉仕会と離れてしまった寂しさがあったが、振り返ってみると思いは同じだったと思う。

　私は子供のころ画家になろうと思っていた。ある日NHKで奉仕会を取り上げていた。ワークキャンプでの一コマであった。私はその活動に大変興味を持った。絵を描くことよりもっと興味を持てる世界があることに気付いた。

　迷わず農大奉仕会へと進んだ。卒業後、結婚し家庭を支える側に立ち主人についてマレーシアへ行く。そこではバティック・墨絵を習う。帰国後、本格的に日本画を学ぶ。絵を学びながら、こんなことをしていて良いのかと迷う自分がいた。そんな時の美術展で、私の絵の前で涙する婦人がいた。心が折れそうなとき絵を見て癒されたそうだ。私自身絵に行き詰まっていたの

日本画「ハノイの物売り」

で、共感し癒すことが出来るならそれはそれで意義があると思えるようになった。主人の赴任先に行ったり来たりしながら徐々に絵に力を入れるようになった。

　ベトナムでは中国との国境地帯の山岳民族、フィリピンではごみの山に住む子供、バングラデシュのrofyinngya難民キャンプ、船の墓場で働く人々、カンボジアではちょうど東日本大震災の直後に行ったのでトライショー(編集注:人力車)のおっちゃん達が皆で日本を心配してくれて少ししかできないけどドネーションしたと教えてくれた。色々な人に触れ優しさ、温かさ、屈託のない顔に私が癒された。そのような思いから原風景を描くと決めた。現地ではスケッチブックを片手にうろうろし、横浜に帰っては日本画に起こすという生活を送っている。今そして15年、今では亜細亜現代美術協会の常任委員となり活動している。

　自分は奉仕会とかけ離れてしまった事の一抹の寂しさがずっと有ったがこの機会に振り返ってみると思いは同じだったのかなあと思う。もう少し絵描きでいよう。

人生を貫く栗田哲学、奉仕会精神

30 半生を振り返り反省しきり

小原正敏（昭和 51 年拓卒）

バングラデシュ独立報道に触発されて農大へ。3 年次に戸松正が勤務していたベトナムビエ
ンホアの「ビエンホア孤児職業訓練所で長期実習。卒業後、種苗会社、慈光学園を経てアジア
文化会館に勤務。爾来 31 年間、自国の将来を担う研修生・留学生の世話に従事する。

　1971 年、私は郷里、宮崎の工業高等専門学校工業化学科 3 年生であった。当時、
東パキスタンでパキスタン中央政府軍との間で独立戦争が勃発し、4 月 10 日にムジ
ブル・ラーマンが「バングラデシュ人民共和国」として独立を宣言し、初代首相、後
に初代大統領となった。しかし、すんなり独立とはいかず 5 月には反独立派イスラ
ム過激派によるベンガル人の大量虐殺が行われインドへ大量難民が流れ込む事態と
なった。そしてインドが、軍事介入し 12 月 16 日遂にパキスタンが独立を認めるこ
とになる。

　ラーマン首相がテレビで日本の若者向けにバングラデシュへの支援協力を求める
演説を偶然目にした。それに触発され、何を血迷ったか 3 年で退学して高校の普通
科からやり直し、北大へ進学という構想を志向していた。

　その後、中学の同級生の協力で県立高校の進路相談室を訪ねた。当時は、学生運
動が地方に波及してきた頃であり、小中高同じ学校で生徒会活動を中学で共にした
Hが自衛隊に火炎瓶を持って乱入していた。同進路相談課では歓迎されない学校で
ある空気感も感じたが、進路相談員から「普通科でやり直すのは時間の無駄になる
でしょう。海外で活動希望なら東京農業大学に農業拓殖学科がありますよ」と紹介
してくれた。在籍する学校のカリキュラムは受験とはかけ離れ、周囲に進学情報や
インターネット情報もなかった。手元にあるのは農大の受験要項と過去問題本だけ
だった。受験は、英語及び生物・化学の選択で 2 科目なら何とかなると思った。しか
し、それよりも期末試験で赤点（60 点）4 科目か欠点（40 点）1 科目で落第が心配
であった。私のクラスは入学時 39 名であったが櫛の歯がかけるように減り、3 年修
了時で中途退学者の私が 13 人目となった。もし期末試験に失敗して修了できなかっ
たら中学卒となり、おまけに高校受験手続もしていなかった。今考えると全課程を
修了・卒業してから受験しても良かったと思う。受験の頃は札幌オリンピック、浅
間山荘事件など何かと日本中が騒々しかった。

　幸い農大に合格・入学して間もなく奉仕会の勧誘が目に留まり、入会した。あま
り深く考えることもなく海外への道が拓けるというイメージで奉仕会に入会した。
SCI の山梨県金峰牧場、茨城県神立の新生開拓村でのワークキャンプや学内のミー
ティングなどに参加した。金峰牧場は、満州から引き揚げてきた方々が昔あったと
される夢のような牧場を再現しようと海抜 1600m 位の人里離れた山間地に作ろうと
挑んでいた。牧場の入り口には SCI アジア支部の小林さん宅、公民館のような建物

が寝食、ミーティングの場であった。金峰は初めてのワークキャンプ地で印象深い。20kgの肥料袋を2〜3袋担いで急斜面を登って作業した事が懐かしい。

1973年に第9次韓国隊の一員として参加した。IVFで農地整備、陰性らい病患者の社会復帰村・希望村で給水設備の穴掘りや江原道春城郡鉢山里の農家実習、農業関係機関の訪問などが主要活動であった。農家実習では、金仁達さん宅にお世話になり主に除草作業をしていた。奥さんは殆ど学生の前には顔を出さず、話をする事もなかった。当時の田舎では、女性は表に出ないで食事も別にするのが普通だったのかもしれない。実習の最後の頃になって5歳くらいの息子スンジョギが転んで唇をすっぱりと切ってしまった。金さんは飲酒しており、私がバスなど乗り継いで病院に連れて行くことになった。車中で懸命に韓国語の練習をしていたが医者は、流暢な日本語を話す方で目的を果してほ

江原道春城郡鉢三里の金仁達さん一家と

っとした。次の日から奥さんとの距離が近づいたような気がした。作業の合間に畑の土壌分析など実施したが報告書を後で読み返して見るとまるで机上の空論で農家経営の現状に即してなく赤面の至りである。

ある夜、暗闇の中で人の気配を感じ隊員だと思って声を掛けたら韓国軍の兵士隊員だった。この鉢山里地区は、北朝鮮との国境からあまり離れてない地域で戦闘機が北の方向に飛んでいくのを見て大丈夫かなと思っていた。

農家実習を終えてソウルに出て数日間のフリータイムが与えられた。ソウル市内は韓国初の地下鉄建設の真最中であった。この頃、日本で金大中事件が発生し、壁一面に新聞が張られていたが翌日には記事が一斉に消えていたのが印象的であった。休みを利用して仁川に足を伸ばし、知り合った韓国の若者と船で1時間位の小さな島に遊びに行った。1泊して翌日、目が覚めると何と外は嵐であった。何キロか歩

き、地元の無線局みたいな所から戻れなくなった状況を IVF に連絡することができた。

　1974 年の大学 3 年の時、ベトナムのビエンホアに位置するビエンホア孤児職業訓練所で戸松正先輩の下で長期実習の機会を得た。6 月 7 日に羽田から飛び立つことになり友人達が見送りに来てくれた。ワイワイ騒いでいて場内アナウンスが聞こえず、やっと聞き取れた後に待合室に入り次の案内を待つがいくら待っても無い。確認すると既に登場するフライトは、離陸体制に入っていて取り残されていた。自分の置かれた状況を理解したが、今更帰るわけにはいかない。必死に他の航空会社に乗せてくれるように頼み込んだ。エアベトナムは、大阪、台北、香港を経由してサイゴンが最終地の便である。キャセイパシフイックは、羽田離陸後は、香港になる便である。天の助け、幸いな事にキャセイパシフイックの好意で客室乗務員専用席みたいな席に座ることができた。この事は、卒業するまで誰にも話せなかった。

　タンソニヤット国際空港に着陸して目に飛び込んできたのは滑走路の脇にどこまでも続く第 2 次世界大戦で飛んでいたような軍用機の残骸で脳裏に焼き付いた。ビエンホアは午後 10 時には外出禁止となり町への幹線道路は、バリケードで閉鎖され、警備兵が歩哨に立つ。ヘリコプターがサーチライトを点けて機関銃を構えて低空飛行する。ここは、戦時下の地であり下手な動きをすると銃撃されるのである。暫くは、映画 007 の様な夢をみていた。死にもの狂いで逃げてもヘリが追いかけてきて弾がかすめる。命中することはなかったが音が耳に届き寝床でもがいていたのであろう。

　農場の研修はプロジェクトが始まったばかりで試行錯誤の段階であった。気候、土地の状態など日本の品種を作付けできるような状況ではなかった。あっという間に広がった陸稲の葉いもち病、南瓜が良く育ったと思ったがよく見ると高温障害か雄花が全くなかった。緑肥のために豆を蒔いたらものすごい鳥の群れが現れ見事に食べられてしまう。ムクドリのような鳥で豆の位置は見事に把握していた様である。

　間もなくアメリカ大統領がニクソンからフオードに代わった。このタイミングで当時、ベトコンと呼ばれていた陣営からビエンホアの町に 4 発のロケット弾が撃ち込まれたようで南ベトナム政府軍の反撃が 3 日 3 晩程続いた。隣は戦車基地であったが、どこからか乾いた機関銃の音と大砲の重くズーンと響く音が聞こえた。

　又、第 3 次東南アジア隊で滞在中の後藤哲君達と訓練所の警備員所に立ち寄った時のことだ。警備員が小銃を触らせてくれたので、軽率にも「手を挙げろ」と後藤君に銃口を向けてしまった。弾が入ってない事を確認したつもりであったが、言葉が全く通じてなかったようで、警備員が銃を操作すると小指位の銃弾が出てきた。弾が発射していたら奉仕会の運命も変わっていたかも知れない。安全装置がセットされていたとは思うが、今でもぞっとする。大きな教訓となった。

　1976 年に種苗会社に就職する。ベトナムの試験圃場へ赴任する話があり、受けよ

作業班の園生と除草・ミカン狩り。筆者は前列左から4人目。

うと考えていたが受け入れ手続きが進まずパスポートの再取得などしていたが流れてしまった。同種苗会社に2年弱在職した頃に家内の親戚が羊の牧場を開くので来ないかとの話があり、準備のために種苗会社を退職した。然しながら、同牧場開設は、県の認可が下りておらず反対意見もあり、急遽、慈光学園に就職して様子を見るという事になる。

　慈光学園では、中学生（3年生5名、1年生2名）の担当となり地元の猿島中学校に通学させる事になった。園内に小学校は、併設されていたが中学で教育を受けるのは初めての試みであった。歩くには距離があり自転車で通学する事になった。通学の練習から始めたが、自転車に乗れない生徒もいて数か月付き添って1名を自転車に乗せて送り迎えをした。その内に子供用自転車を使い生徒だけで通学出来るようになった。そしてパンク修理が私の日課となった。

　1年位の勤務のつもりでいたが体調を壊している時に悪戯をした生徒がおり、その時に皆を就職させるまで頑張ろうという目標ができた。中学卒業後は、農業班で引継ぎ米、麦、茶、シイタケ、植木や野菜等の栽培、園内、境内の環境整備など総面積3万坪の管理を行った。田植えや稲刈り作業は、学園の行事として100人位で手植え、手刈りで行った。豚舎、鶏舎も皆の手作りで鶏は原種3種300羽の採卵、孵化なども担当した。近所の養鶏場や植木屋などに担当生徒が就職してある程度の目途がついた頃には9年3ケ月が経っていた。

1987年度から東京のアジア学生文化協会のアジア文化会館に転職し、31年間勤務して2018年5月に退職した。この協会は、初代理事長が穂積五一先生で母体となった寮の前身が至軒寮（新星学寮）と称し憲法学者・上杉慎吉先生の私塾であった。日本が激動の時代により良い日本を目指して多く人物が集い、総理大臣、大臣を始めとする政界、学者を始めとする学会、経済界などに多くの人材を輩出している。満蒙開拓の父、加藤完治先生もよく来訪されていたようである。

　アジア学生文化協会は、新星学寮を母体として1957年に設立された。爾来60余年間、アジア各国の青年学生と我が国の学生が相互の理解を深め、友愛の交流を培うことを目的として、アジア文化会館をセンターとする学生宿舎の運営と各種の文化活動を行っている民間団体である。1983年からは留学生の要望で日本語学校を開設し数多くの卒業生を大学へ社会へと送り出している。

　海外協力活動に従事する事は叶わなかったが、将来各国の発展を担う研修生や留学生と31年間過ごす事が出来て良かったと思う。私の半生は振り返ると思慮浅く危うい事ばかりで反省しきりである。又、皆に助けて頂き、今に至っている事に感謝である。

各国の学生代表と花金会。筆者は右から3人目（ベスト着用）

人生を貫く栗田哲学、奉仕会精神
31 人間如何に生きるべきか

木村　斎（昭和51年拓卒）

「人は如何に生きるべきか」。「その答えは私とあなたとの関係を問い続けたところにあるように思う」。この言葉こそが奉仕会の中心を貫く心意気であり、今も自分の中で生き続けている。日々の害獣駆除を通し、その鮮血の赤さから生命・食文化の未来を思索する。

　　「人は如何に生きるべきか」
「その答えは私とあなたとの関係を問い続けたところに在るように思う」
これは47年前に今は亡き向井さんがよく言われていた言葉です。
この向井さんの言葉こそ奉仕会の中心を貫く心意気であり、現在進行形で今日この日も私の中で生き続けています。

　子供たちを育て文字通り生活に追われる日々でしたが、狭いながらも田畑に関わり続けられたことは幸運でした。20代後半に知り合った浄土真宗の僧侶から信じることの意味や、仏教の知識を伝えてもらえた縁にも感謝しています。明治時代を生きた福沢諭吉、西洋の様々な概念や名詞などを新しい日本語に翻訳してくれた大恩人です。「人事を尽くして天命を待つ」という誰もが知っている言葉も福沢諭吉のものです。

　この有名な言葉を同時代に生きた清沢満之というお坊さんが「天命に安んじて人事を尽くす」と言い換えました。諭吉さんが天命と言った天は空の上にあり、頑張って人事を尽くした私は息を弾ませドキドキしながら天の判定を待つのです。一方清沢満之の言葉からは、天を信じ天の中で生き尽くす覚悟と安らかな呼吸が伝わってくる。すべての宗教が目指すところはたぶん「天命に安んじて人事を尽くす」生き様ではないかとさえ思う。生活に追われ時には挫折し迷い、揺れる心を生まれる前の故郷に呼び戻してくれる宝の言葉です。

　ここ10年で私が住むこの山奥は急速に限界集落になった。半年・一年をかけて栽培した野菜や米を、明日収穫という日に、野生動物達が食べてしまう。金も時間もかけて囲った網も一夜のうちに無残にちぎられてしまう。何故かピーマンだけは無傷だが(笑)。こんな事が何度も続いて、ついに私は怒りの狩猟免許を手にした。食べられて泣く百姓は奴らの肉を食べる百姓になったのです。鹿も猪も捕りまくり、今は毎月1頭くらいまでに減りました。

　先日、今までで一番大きく子牛ほどもある雄鹿が罠にかかった。非常に狂暴な個体で生け捕りにするべく目隠ししようとしたが、角で5mも突き飛ばされ、危険なので止む無く殺すことにした。槍で喉元を深く刺して即死させるのだが、彼は特別だった。一気に噴き出た大量の血が見た事もない鮮紅の小川になった。有害駆除になるため提出用の、動物とツーショット写真を撮る。いつも写真を撮ってくれる妻が、

普段に増して凄惨な現場の前で意外なことを言う。「きれいな血だね！」何度もそう言うのだ。

　妻の言葉を聞いて記憶の彼方に消えていた文章が吹き出てくる。

たぶん昔読んだ小冊子に新しい女性の生き方を探求する女性が、自分の経血の鮮やかさに感動する。その感動こそが新しい女性の生き方へ導いてくれるのでは。とった内容だったように思う。物や体の世界で血は生と死に直結した特別な存在だ。イスラム世界では家畜の肉は飼い主のもだが、血は命そのものだから神様のもの。なので家畜から出た血は全て土に戻し神に返さなければならない、らしい。

　昔、大阪にいた聖人に悩みが出てくる原因を聞いた。聖人は「自分があるからや」と答えた。当たり前だが、その通りだと思った。反対に私が無ければ、あなたも家族も家も車も地球も宇宙も、神さえもいない。

　「私」って何？推測でしかないが、生まれる前の故郷とこの世をまたいで生きるのが私、それを結ぶものが血のような気がする。野生動物達は故郷とこの世の生活が一致しているのかも知れない。捕獲したどの個体も美しく気高く力強く愛らしかった。人は動物と違って自分と自分以外の世界が一つになった「一体」の世界と、個々が別々に生きている世界が混じり合う不思議な世界に生きている。個々別々に生きる能力を控え暮らした縄文の人は、何と１万年以上も同じような心豊かな生活を送った。気候が変わったためか生活の安定を願って勤しんだ農耕は、１万年も20代で終わっていた寿命を80年を超えるまでに伸ばした。科学技術も発達して火星にまで行こうかとしているが、肝心の体はボロボロになり難病に苦しむ体を引きずっている。

　かく言う私も良くないのを知りながら妻に内緒で美味しいアイスクリームやチョコレートに笑顔して、自ら老化を速めている。野生動物の生き方や縄文の文明に戻ることはできないが、善にも悪にも始まりとなった「農耕と食」を次期文明建設のために建て替えなければならない。

　人口が減り始めた日本は、物欲肉欲から少し距離を置き、次期の農耕や食文化を立ち上げる機会にもっとも恵まれた国のように思う。具体的な技術や方法は、不耕起自然農法など既にたくさん出てきて実践者も多くなってきた。常に本当はどうか問い続け、甘いアイスクリームで体も頭もバカにならない程度に残りの人生を捧げ実践していきたい。

人生を貫く栗田哲学、奉仕会精神
32 奉仕会の思い出など

後藤　圭二（昭和54年拓卒）

奉仕会入会時、海外活動から有機農業に切り替わる。千葉県三芳村で有機農法を学びにワークキャンプ。栗田先生からは農業聖典原書翻訳、植物の共生に就いての講演。今は義肢装具士として一期一会の出会いを大事に。先生の色紙の言葉と「内観」は今も自分の戒めだ。

　昨年の栗田先生33回忌に参加させていただき懐かしい先輩後輩の皆様と交友させていただき本当にありがとうございました。日頃の筆不精を反省しつつ近況なども書かせていただきます。
私が入学した頃は、70年安保の残渣が感じられる頃で私たちは「三無主義世代」と言われていました。友人が法政大学に入りましたがロックアウトされていて通信教育を受けている時代でした。
　東京農大拓殖学科に入学した動機は、そのまま日本の中で社会人になっていくのに何となく面白くなく思っていましたところ、ビアフラの飢餓に日本のボランティアが援助に行っているのを見て自分もあんなことがしたいと漠然と思ったからです。
　奉仕会の勧誘で連れ込まれたマンションの居心地がよくて4年間過ごすことになりました。会員以外にも関係者が多数出入りして　色々な話をする事が楽しくてしょうがなかった時期でした。
　私が大学に居たころに丁度、奉仕会が海外活動から国内の有機農業に切り替わる時期でした。1年生夏の広島県山口先輩の牧場での牧柵建てのワークキャンプが行われました。4年生が海外に行かれていたので、3年生の先輩（板垣・川畑・中島・伊藤さん）を中心に行われました。1カ月間自炊で昼食は毎日鯖缶で、今もスーパーで見かけると懐かしく思います。
冬のワークキャンプが萬蔵院で開かれ諸先輩も参加されて、栗田先生から今後の活動方針が示されました。
　翌年の夏からは千葉県三芳村の農村に有機農法を学びにワークキャンプを開きました。丘の上の空き家を借りて、そこから一人ずつ個別農家に入り援農をさせていただき、また　東京への配送も同行させていただきました。よそ者の自分達をよく迎え入れてくれたと思います。山形県鶴岡市の農家へも援農に入りました。栗田先生からは、農業聖典原書翻訳のゼミ、また　植物の共生についての講演を伺いました。
　4年次には久保先輩の赴任されていたインドネシアの茶栽培、スマトラ島での三井物産のトウモロコシ栽培、マレーシア東部タイ国境近くでの竹で編んだ高床式農家家屋の宿泊、断食の経験などをさせていただきました。GARAM たばこの香りとオレンジ色の夕焼けに響き渡るコーランが鮮烈な印象で残っております。卒業後は、

146

オイスカの研修生でフィリピンのミンダナオ島とミンドロ島を訪れ、ミンドロ島では伊藤秀雄先輩にお世話になりました。乾季の満天の星空とサザンクロスが忘れられません。

いろいろ悩みましたが、その後　農業を離れ義肢装具士になり現在に至っています。義肢装具士は主に整形外科の医師からの指示を受けて治療用のコルセットや障がい者の方の生活用の義手義足を作製、適合、装着を業務としております。既製品を扱うことも多いですが、一人ひとりとの個別対応の製品を状況に合わせて採寸、採型、適合させていく仕事なので、『良い悪い』の評価が直ぐに分かります。一人ずつ目的、内容も身体形状も違いますので、毎回新しい出会いになり信頼される事が大切な仕事です。

近年はパラリンピック等で障がい者の方のスポーツ用製品が注目を集める事も多くなり、義肢装具士の名前も少し認知されるようになってきました。私の若い頃は、義足を履いていることを他人から判らない様にする事が大切でしたので、カーボンバネの足部で走り、健常者を抜いてしまう現在は隔世の観が在ります。

日々の業務は、高齢者の運動機能障害やスポーツ外傷後の固定、脳血管障害後遺症による片麻痺の機能補助、脳性麻痺等の変形矯正などを目的とした手、足、体幹の装具、また切断術後の義手、義足などの製作適合修理などです。日常生活用具としてのベッドや車いすなどを扱うこともあります。

この仕事をして30年以上経ちますが、私が感じている大きな変化を見ますと　義手、義足作成の原因は、自動車の安全性能向上や労働安全衛生管理向上により事故原因が大幅に減少し、今はほとんど食生活の欧米化による糖尿病などの血管原性の病気によるものに変わりました。よって全身機能の低下により歩行能力再獲得困難事例が多くなり、退院後の移動手段が車いすの方も多いです。上肢の機能再建はさらに難しく、装飾用がほとんどです。余談ですが農作業時の耕運機の巻き込み事故例もたまに有りますので、ご注意ください。

また長寿高齢化によるロコモシンドローム（足腰などの運動器障害による移動機能の低下）が進んでいます。脊椎圧迫骨折や変形性膝関節の治療のための装具が増加しています。圧迫骨折では、廃用性筋力低下や痴呆の進行を防ぐために安静期間の減少が顕著です。昔は背骨を傷めると3週間の安静後装具装着離床をしていましたが、あの頃から10歳くらい寿命が延び高齢化が進みましたので、そんなに寝せていると筋力回復リハビリに時間がかかり、痴呆も進行します。鎧（コルセット）で固めてさっさと起こします。原因は、明らかな転倒や重い物を持ったりしてないのにと言うケースも増えています。ご同輩以上の年齢の女性の方は骨密度などお気を付けください。膝関節症用の装具もよく出ます。相対的な筋力低下（体重の増加、運動不足）が良くありませんが、歩き過ぎも良くありません。すでに身体は10万キロ以上走っている車なので、新車の（若い頃の）イメージで使わず、身体に聞きながらい

たわって使って行きましょう。

　治療用ではなく生活用（厚生用）の義肢装具は耐用や成長に合わせて作り替えますので、身体障がい者の方とは長いお付き合いとなります。その間の成長や人生の変化など伺いながら作らせて頂き、再会が楽しみな仕事です。

　以上、日頃思うことを取り留めも無く少し書かせて戴きましたが、何回かの転勤（所沢、山梨、松戸、江東区）後　現在は定年後の再雇用の立場となりましたので、多くの患者さんや医師に自分の年齢が近づき、或いはこちらのほうが上になり毎日いろいろな方との出会いをさせて頂ける事が幸せと思っております。拙い技術、知識ではありますが、一期一会を思い、出会った方の人生の少しでも手助けになれれば幸いと思います。

　今も「現在に迷う者には…」と「内観」は自分の戒めであり、理想は「実るほど頭を垂れる稲穂かな」です。これからも背筋を伸ばして生きて行きたいと思います。

　最後になりますが、遅筆な自分にメールを下さった小原先輩、直接電話を頂きました美智子先輩、文書校正頂きました松浦先輩に感謝、お詫びしつつ筆を置かせて頂きます。皆様のご健勝、ご活躍をお祈り致します。

オイスカでの研修時に水牛に乗りました。
当初ミンダナオ島南部のアンドレオボニファシオ大学内の圃場で熱帯農業の体験、近隣地見学と、現地への身体順応期間があり、その後、ミンオロ島西部の米作圃場へ入りました。こちらで伊藤秀雄先輩に大変お世話になりました。

人生を貫く栗田哲学、奉仕会精神
33 奉仕会活動の思い出

中森勘爾（平成元年農卒）

有機農業に惹かれ奉仕会へ。先輩友人と夜通し話し、「解決糸口の瞬間」を共有するのがワーク
キャンプの醍醐味。公務員を経て「安全で美味しい米づくり」を。先生の言葉が今も迫る。

　早いもので卒業して30年、平成の時代も間もなく幕を閉じようとしています。この歴史の転換期に奉仕会OBの先輩方々の働きかけにより、学生時代を振り返る機会を頂いたことに、まずは、感謝申し上げます。

　奉仕会との最初の出合いは、高校時代に農大への進学が決まってから、同郷のOBである橋本力男さんの新婚旅行の間に農場の手伝いに伺い、そこでOBである近藤さんや瀬上さんにお会いしたのが、奉仕会との最初の関わりです。入学後は、連日の応援団からの勧誘から逃げることと有機農業に関心があったので常磐松会館の『奉仕会』の部室を訪ねました。

　その頃の奉仕会は、大所帯で二十名弱の会員がいたと思います。新入生は同じく農学科の下山浩一君と二人で、先輩に連れられ拓殖関連団体の新入生歓迎コンパに参加し、『酒』や『押忍』が身につきました。ゴールデンウィーク頃は、毎年金峰高原（山梨）でガイダンスキャンプ、昼間は牧場の作業、夜はSCIハウスでミーティング（自己紹介からの内面の自己分析？）、長期休暇の時はワークキャンプで高畠町（山形）、三芳村（千葉）、共働学舎（長野）、帰農志塾（茨城）など色々なところで有機農業を体験させていただきました。ワークキャンプの醍醐味は実際の農業体験もさる事ながら、会員同志で寝食を共にして問題意識を持って夜通し話し込み、少しだけでも解決の糸口が見えてきた瞬間を共有出来たことにあったように思います。

　ワークキャンプでも普段の活動においても、多忙な上級生が活動に参加できないため、いつも傍には、森永巧先輩（工学6年？）が居てくれ、軌道修正してくれました。細かい事は気にしない豪快な九州男児で、本当によく飲ませていただきました。ごっつあんでした。そんな、森永先輩の訃報にふれ、残念でなりません。4年生になった頃には、存続が危ぶまれる中、元気な1年生が多数入部してくれ、何とか持ちこたえることができました。

　卒業後は、地元（三重）に帰り、公務員として農林関係や社会体育関係を担当しましたが、気力や体力のあるうちに農業をしてみたいと思い、脱サラし「安全で美味しい米づくり」を目指してやってきましたが、2年前に体調を崩し（脳腫瘍）、経営規模を縮小し、またしても迷走中です。

　私自身は、直接指導を受けた事はありませんが、奉仕会を創られた栗田先生の言葉『現在に迷う者には将来なく・・・』が、迷走する自分に迫ってきます。家族や多くの方に支えられ、後遺症もなく過ごしてますが、もう一度生活を立て直し、三重の伊賀の地で歩んでいこうと思います。

人生を貫く栗田哲学、奉仕会精神

34 奉仕会と私

宇都宮美香（平成 5 年拓卒、旧姓：桜井）

平成期のワークキャンプ実施地を詳細に報告。旧 IVF の跡地も訪問、卒論テーマにした。
ワークキャンプが縁で愛媛県明浜町無茶々園に勤務移住。過疎の町に暮らして 26 年、結婚
してうまいこと紛れ込んで暮らしています。

　農大を卒業して 26 年、当時の記憶もかなり薄れてきていますが、ワークキャンプ
でお世話になったのが縁で卒業後は愛媛の農業団体に就職し現在に至り、奉仕会な
くして今の自分はなかったのかもしれません。大先輩方のような活動実績はないも
のの、この機会に思い起こしてみることにします。

■入会のきっかけ
　高校生の時にたまたま知人に農大生がいて、それが奉仕会の先輩の植松さんだっ
たのです。農大に入学することになり、奉仕会をすすめられました。
　即決したわけではありませんでしたが、結局入会しました。

■ワークキャンプ
・毎年 5 月（大型連休）には山梨県牧丘町「金峰高原牧場」でガイダンスキャンプ
　を行っていました。宿舎は「SCI ハウス」という名前でしたが、「SCI」とは何なの
　か、もはやその時にはわからなくなっていました。
・1989 年夏：山形県高畠町・高畠町有機農業研究会
　　　　　　日本の有機農業の先駆的地域。それまでにも何回かお世話になってい
　　　　　　たようです。
・1990 年春：愛媛県明浜町・無茶々園（むちゃちゃえん）
　　　　　　高畠町で「こういうところがあるよ」と教えてもらいました。有機農業
　　　　　　で柑橘栽培に取り組む農家グループで、当時としては珍しく販売の専
　　　　　　従職員を置いていました。その後個人的にもときどき訪れていたとこ
　　　　　　ろ、「就職したかったら来ていいよ」といわれ卒業後就職することにな
　　　　　　りました。
・1990 年夏　長野県松川町・上伊那有機生産組合
　　　　　　どのように知ったかは忘れてしまいましたが、初めて受け入れていた
　　　　　　だきました。
・1991 年春　鹿児島県屋久島・天然村
　　　　　　自然出産の助産院と自然食を提供する宿泊施設。自然農法を実践して
　　　　　　いました。出産のため滞在している方や、「断食道場」の合宿の方々
　　　　　　ともご一緒するという少々変わったワークキャンプとなりました。
・1991 年夏　山形県高畠町・高畠町有機農業研究会

・1992年春　忘れました（個人的な実習に行った記憶はありますが、ワークキャンプには参加しなかったのかもしれません）

・1992年夏　愛媛県明浜町・無茶々園

・私の卒業後のことですが、後輩の越智（桑名）美恵さんによれば、1995年頃には「韓国自然農業中央会」の企画した若者向けの韓国でのワークキャンプ（実習、見学）に参加したそうです。夏に2週間程度、参加者は奉仕会の5～6名と個人参加の方（農大生ではない）1名だったそうです。

■桜の畑

学校近くの「世田谷区桜」にある貸農園の一角を2aほど借りて野菜を作っていました。同じ畑を借りているおっちゃん、おばちゃんとの交流も楽しかった。栽培技術はあまり向上しませんでしたが、収穫祭には「緑の家（＊添付写真参照)」と合同で野菜を売りました。

■「国際奉仕農場」について

会室にあった資料で「国際奉仕農場」を知り興味を持ちました。卒業論文のテーマにしたいと思い、故藤本先生に指導をお願いし、OBの地曳さんや橋本さんにもお話を伺いました。もともと趣味で韓国語を勉強していたこともあり、現地調査らしきものも行いました。観光開発のため別の土地へ村ごと移転していて、単に以前の話を何人かに尋ねてまわっただけのようなものでしたが、村のあるお宅の養鶏の仕事を手伝いながら滞在させてもらいました。快く受け入れてもらえたのは、IVFで活動していた方々の後輩であったからにほかなりません。できあがった卒業論文は学問的にはほとんど意味のない内容であったと思いますが、どうにか卒業することができました。

■現在

・奉仕会はその後解散したということですが、少なくとも平成10年頃までは活動していたようです。詳しい経緯はわかりませんが、ワークキャンプの受け入れ先からアルバイト代を受け取った人がいたことから（食料や宿泊は提供してもらうが、アルバイトではないというのが前提であった）もめて、結局解散したらしいと聞いたことがあります。

・私の現在の勤務先はワークキャンプの受け入れ先であった「無茶々園」で、事務局の仕事をしています。もう30年近く前のことになるのに、今でも時々農家から「農大の○○くん、△△さん」などとかつてのメンバーの名前が出ることがあります。今はインターンシップの制度などもあり、また学生に限らず多くの人が実習・研修に訪れます。当時は我々もそれなりに「いまどきの若者」だったはずですが、（たぶん悪いことは忘れてくれたのでしょう）、こうして記憶してくれている人がいることが活動の実績なのかなと思っています。

・この愛媛県の過疎の町に暮らして26年になりました。就職した当時は、町の広

報紙に町長が「東京の大学を卒業した人が無茶々園に就職した」とやや驚きぎみに書いたほど、いわゆる移住・Iターンは珍しかったのですが（その時Iターンという言葉はなかったような気もしますが）その後何人も県外からやってきた人が定住しています。私はたまたま結婚して改姓しこの地域に非常に多い姓になったので、うまいこと紛れ込んで暮らしています。

- 仕事のほかには、幕末から続く伝統芸能の文楽（人形浄瑠璃）に参加し、義太夫三味線を弾いたり人形遣いをしたりしています。子供の頃から三味線に興味がありましたが習う機会がなく、ここへきて念願かない身に付けることができました。
- 実家の親（福島県在住）も高齢となり、たまには帰省して様子を見ることと、そのついでに関東近辺の友人たちとも会う機会が増やせればと思っています。また奉仕会OB会も開催されるとよいですね。先輩方、みなさまどうぞお元気で、またお会いできる日を楽しみにしています。

奉仕会員らが共同生活をした「緑の家」。
大西賢二(昭和60年経卒)が活動内容を執筆している。
写真提供：宮良聡(昭和59年拓卒)

左から井中誠、勝沢実、宮良聡

中央奥から右へ
大西賢二
開発和良
永野仲城
宮良　聡

左手奥から
勝沢　実
井中　誠
松田　明
三浦　徹

人生を貫く栗田哲学、奉仕会精神

35 「奉仕会」と「探検部」

村田公彦 （平成5年林学卒）

探検部員のまま、有機農業に興味を持ち奉仕会にも入会。タイ北部の山岳民族モン族に惹かれて
焼畑農業の実態を調査、林学部のまま探検部顧問・熱帯作物学研究室の豊原教授に卒論指導を受
け、さらに故藤本彰三教授に親しむ。所属した両部が持つ栗田先生とのご縁を不思議に思う。

　私は、農大林学科に入学し、すぐに「探検部」に入部していました。しばらくし
て、拓殖学科の仲間から学校の近くで畑を借りて、有機農業をしているサークルが
あると聞き、これは！と思い「奉仕会」に入会させていただきました。二股をかけて
いたので、奉仕会に時々、顔出す程度だったのですが、先輩、同輩、後輩には広き心
で、半幽霊会員を受け入れてもらっていました。

　奉仕会の中にいると、過去の奉仕会の活動、またOBの活動として、「韓国」「ハン
セン病」「有機農業」…等のキーワードが耳に入ってきましたが、その時の私には及
びもつかない気骨あふれる活動に思い、奉仕会の歴史、OBの先輩方に面と向かうこ
とができず、ほとんど、奉仕会についてよく知ることもなく籍を置き、4年間を過
ごしていました。

　私が在籍した時の奉仕会では、夏休み、春休みの期間中にワークキャンプと称し
た合宿を行っていました。金峰山麓の開拓農場、有機農業発祥の地と言われる山形
県高畠町、有機農法により柑橘類を生産している愛媛県の無茶々園等で、お手伝い
をさせてもらいながら、命と環境に優しい農業、周りとの軋轢を抱えながらも、未
来を見据えた生き方をしている方々のマンパワーに触れました。とても、自分の中
では消化できないくらいの経験でした。

　無茶々園での合宿中に地元の青年団が主催する観劇会がありました。青年団のメ
ンバーは、日本舞踊の先生に稽古をつけてもらい、また寸劇の練習に励み、本番を
迎えます。観客は地元の幼児、子どもたちからお年寄りまで家族総出で青年団のメ
ンバーの出し物を楽しんでいました。この光景を見た時に自分は日本には住んでい
るが何か日本の文化を身につけているのだろうか？自分は一体なに者かというよう
な悶々とした思いになりました。

　その後、しばらく精神的低空飛行を経た後、高度経済成長で失ってしまった日本
人が培ってきた知恵や文化を知りたいと思いようになりました。照葉樹林が植生す
る中国南部からブータン、ヒマラヤにかけて類似した文化が広がっているという照
葉樹林文化、日本文化の源流の1つであるというその軌跡を辿ってみたいと思いま
した。その自分の中に湧き出た興味を探検部で満たしていきました。中国のベトナ
ム国境付近から流れる珠江という川をゴムボートで下ったり、タイの北部の山岳民
族：モン族に村に入り、一緒に生活をさせてもらったりしました。

153

大学4年になっても、モン族の村に行っていたので、モン族の焼畑農業の実態について調査し、卒論に結びつけられればと思い、林学科の担当教員に拓殖学科で卒論を作成したいと相談したものの、理解を得られず、「勝手にしなさい！」の一言で、当時の探検部の顧問であった熱帯作物学研究室の豊原先生のもとに飛び込んで行きました。豊原先生には二つ返事でOKをもらい、引きつづき、モン族の村で過ごすことができました。

　モン族の村での農業調査を準備する段階で、奉仕会OBの故藤本彰三先生には大変お世話になりました。藤本先生は奉仕会の新人歓迎コンパなどがあると顔を出してくれていましたが、私にとっては今ひとつ形のみえない「奉仕会」のOBであるということと、あの大きな体と物静かな雰囲気に畏怖の念を覚え、何を話していいかも分からず、会話すらできませんでした。ある時、藤本先生のご自宅に、先生の研究室に出入りしている女子学生、奉仕会の同輩等でご招待いただきました。私にとっては只々緊張するしかなく、気が付いたら藤本先生のご自宅で朝を迎えていました。藤本先生とご家族にはご迷惑をおかけしましたが、これを機に私にとって藤本先生が奉仕会の近しい大先輩となりました。

　時が流れて私が40代最後の年であった昨年、奉仕会の仲間より栗田先生の33回忌法要と奉仕会OBの集まる機会があるとの連絡がありました。藤本先生もお亡くなりになり、知っているOB諸兄姉もいなかったので、正直参加することに躊躇しましたが、懇親会会場となる柏に在住しているが故、参加しました。取手での法要の時は大先輩方のオーラに圧倒されっぱなしでしたが、懇親会での先輩方のスピーチには心踊らされ、2次会の場では自分から興味をもって先輩方に話しを聞かせていただきました。

　拓殖学科の入学を目指し、結果3回不合格通知をもらった私でしたが、偶然にも私の所属していた「奉仕会」、「探検部」がともに栗田先生と深いご縁があったことに不思議な思いがしました。

農大近くの畑にて。
借りている畑で有機農業を実践し、収穫祭で収穫した一部の野菜を売っていました。馬術部や馬事公苑からもらった稲藁で有機肥料をつくりました。
左から大島、大武、村田、竹村、宇都宮、小和田。

人生を貫く栗田哲学、奉仕会精神
36 私的奉仕会青春記

松浦良蔵（昭和51年拓卒）

農業など全く知らない都会育ちが農業協力を志して農大奉仕会に参加。卒業後は農業とは無縁の仕事に就いたが、奉仕会で学んだことは人生の原点だ。学生時代に愛読した「どくとるマンボウ青春記」に倣って「私的奉仕会青春記」としたい。

なぜ農大へ？　高校受験から語らなければならない。希望の高校に不合格となって仕方なく入った私立高校は学園紛争で荒れに荒れており、入学式当日も校内には幾つかのセクト旗とタテ看とアジ演説が溢れていた。友人のひとりはその光景に恐れをなしてその日に転校を決意したという。私にはそんな根性はなく望んで入った訳ではない高校での生活に意味を見いだそうと剣道部と写真部に入った。英語と生物だけは好きだったのでまじめに勉強したが数学は数ⅡBでバンザイ。剣道は試合で勝とうなどという気はなく高2の秋に漸く初段。ハッキリ言って下手。写真は父にせがんだ口径100mmの反射式天体望遠鏡で、勉強そっちのけで夜な夜な天体写真撮影にのめり込んだ。自分の部屋を暗室にして増感現像・引伸しをしていた。

さて大学受験。国際的な仕事がしたい。理系に進みたい。しかし数学をサボりまくった報いで国公立は無理。そんな折バングラデシュに食糧危機が起きた。ジョージ・ハリスンが「バングラデシュ」という唄を歌って世界の人に協力を呼びかけていた。日本からは「海外青年協力隊」という人たちが農業協力で活躍しているという。大学生も参加、農大生であると。「なんとカッコいい！」。これで進路が決まった。単純な男である。

農大に無事入学。まっしぐらに奉仕会に入ったのではない。まず剣道部の延長で弓道部に入部した。クラスの友人に「集会に出てみないか」と誘われたので、ついて行ったら「定期考査の再試験に500円を払わらせるのはケシカラン！廃止させるべきだ」と盛り上がっている。リーダー格の上級生が「キミも意見があるだろう」と言うので、「そんなに再試験料を払うのがイヤなら一回で及第点をとったらどうですか？」と言ったら、みんな黙ってしまった。その後どうなったかは覚えていない。又後日「人間の本質を考える哲学を学ばないか」と誘われて、これまたついて行ったら某宗教の座談会だった。さらに学内で私の顔を見る度に「キミ、農業協力をめざすなら来いよ」と、しつこく勧誘してくる人がいた。「奉仕会」というサークルの町田正さんという人であった。サークルの名前からして怪しい。避けることにした。

ところが奉仕会との出会いが夏休みの農家実習でやってくる。北海道釧路の酪農家に小原正敏君が先に来ていた。1キロ先の隣家には木村斎君。学生が3人も寄れば、当然議論を始める。二人とも弁の立つこと！私が何か言おうものなら、唇の端でニッコリ笑って「松浦クン、よく勉強しているね。でもね、あの本を読んでみたら。もっとわかるよ」と紫煙をくゆらしながら言うのだった。まあ憎たらしいこと。

この時に「奉仕会というのは、なんかすごい勉強をする所らしいな」と意識した。

奉仕会への入会は1年の正月明けである。弓道部にいることに違和感を覚えて退部。「松浦、部活やめたんだって？　だったらさ、奉仕会に入れば」と木村君が誘ってくれた。そして「マンション」と称するおどろおどろしい下宿へついていった。よく人についていく男である。そこで向井孝男さん、伊藤達夫さん達の錚々たる先輩方に出会う。町田さんとも相見えた。同期では、市丸浩、後藤哲、飯島茂樹、岩澤貞夫、佐藤勉、小笠原恵美、勝木はるみという、個性豊かな、言い方を変えれば『しなやかなようでしたたかな、とてもとても一筋縄ではいかない人達』だった。今振り返ってみても私の人物眼は間違っていない。

釧路中標津の芳賀さん宅で、左：小原正敏、右：筆者

ミーティングでは「奉仕とは何だ？」、「人間らしく生きるとはどんな事だ？」、「海外協力の意義は何だ？」と、第一義的な価値を徹底して追求した。生半可な物言いをすると「自分の言葉でしゃべっているのか？」と質される。ワークはもっぱら天地返し。頭の中が整理できなくなり、訳がわからなくなることもしょっちゅうである。しかし実に濃密な時間だった。青春時代の思索の真価は中年を過ぎてからわかる。第一義的な価値追求の思索経験をしてきた人と、してこなかった人とは歴然とした差が出る。社会に出て指導者の立場に立ってみるとハッキリわかる。

海外ワークキャンプには第9次韓国隊、第3次東南アジア隊に参加。どちらも「経験を経て自信を得た」というより「自分に海外農業協力なんてできるのだろうか」と現実の厳しさを思い知らされた方が強い。国際紛争地域での危険も経験した。ベトナム滞在中、バオロックで活動する中村啓二郎さんを戸松正さんの手配で3泊程での旅程で研修訪問した時だ。日没間近、両側がジャングルの道路を先行する中村さんの車が突然停車、後藤君と私が乗る後続の車に戸松さんがもの凄い形相で走り寄り、「お前達、早く前の車に移れ！」と言う。ただならぬ気配に慌てて移乗、5人乗りのトヨペットコロナに黒瀬博彦さん、古村哲さんも加えて6人が乗ってダートをひた走る。異様な雰囲気の車内で「この地域は、日中は南ベトナム政府軍が支配しているが、日没後はベトコン（南ベトナム解放民族戦線）が支配する。捕まったら生命の保証はできない。そのつもりでいろ」と中村さん。その言葉が大げさでない証拠に、その年の暮れに中村さんはベトコンに一時身柄を拘束された。サイゴンが

陥落する前に解放されたが、あの車中では中村さんも戸松さんも「4人の学生を無事に日本へ返すため」に必死でいたのだろう。

　4年になりベトナムの拠点はなくなったが、橋本力男君の発案でインドへ調査隊を派遣することになった。隊長に指名され随分悩んだ。卒業後の進路にも確たるものがなかった。ただ経営研に入っており、おぼろげながら大学院への進学を考えていたのでインド調査隊を足がかりに進むことを決意した。ところが出発1ヶ月前の7月12日未明に父がクモ膜下出血で急死。すべての思いが白紙になった。親不孝にも「こんな時に死ななくてもいいだろうに」と思うほど悔しかった。市丸君に隊長をお願いした。その時の計画書は今でも手元にある。「未練だなあ」と思うのだが、やはり捨てられない。26歳の兄が父の会社を継ぎ、「兄弟で一緒にやろう」とか「学費は心配するな」と言ってくれるものの、ふんぎりが付かない。ワークキャンプにも農業実習にも行かない空白の夏の後、奉仕会から足が遠のいた。自分自身がつまらなかったのだ。卒論テーマも消えた。中野正雄教授に相談して海外論文の翻訳紹介でお茶を濁した。4年生のくせに研究室の収穫祭実行委員長もやった。同期のみんながそれぞれに就職や進学の準備に忙しい中、全ては腑甲斐無い自分を誤魔化すためであった。

　なにも決められないまま年を越したある日、ブラジルパラ大学への留学から帰国されていた野口俶宏助手が「友人が自然食品販売の会社を始めたので話を聞いてみないか」と、中垣洋一という拓殖OBを紹介してくださった。会社の内容について何ひとつ知らない。拓殖OB、ラオスへの協力隊経験者という人間性だけを信頼して、想像もしなかった分野での会社勤めをすることになった。そして現在に至っている。

　販売から店舗運営、販売会社をつくって潰し、マーケティング、香港駐在、都知事認可生協の運営、一般社団法人設立等、浮き沈みも含めて一通りの経験をした。バブル崩壊後、2年間の香港駐在から帰国した時はリストラの真只中で役職が2階級降格になっていた。そういう時代だった。調子の良かった人がダメになっていくのを何人も見てきた。上司の怒りも何度か買ってきた。反論するつもりはないのだが、自分が正しいと信じる意見を言っていると相手が勝手に怒り出すのである。トップが怒り始め、担当役員が天を仰いだ事もあった。よく潰れずに来られたと思う。あの思索経験と共に「目に見えないなにか」が守って下さったのだろう。

　奉仕会で活動したのは実質2年半。栗田先生には海外派遣隊報告書をご指導いただいた。原稿が真っ赤になって戻され、「これは日本語ではありません」との言葉も。本当に得がたい、妥協のない教えをいただいた。だから今があると思う。学生時代に如何に生きるかを真剣に模索し、生命の元を作る農業を学んだ事は人生の土台だ。たとえ職業として農業を選択しなくても、農業への従事は人格形成の一環として実に尊い事だった。既に何人かの先輩が鬼籍に入られた。哀惜の念に堪えない。
奉仕会の全ての方々に心から感謝申し上げます。合掌。

資　料　集

1　AVS ニュース第 13 号　（1971 年 1 月 24 日発行。提供：菅田正治）
　　(1) 1971 年の奉仕会の展望・・・・・・・・・・・・・・・・・・会　長　　藤本彰三
　　(2) 万蔵院ワークキャンプ報告・・・・・・・・・・・・リーダー　菅田正治

2　栗田先生遺稿
　　(1) 杉野さんとの三十年
　　(2) 「卒業生諸君に贈る」
　　(3)　古希祝賀会に際してごあいさつ

3　写真資料
　　(1) 師を偲ぶ。杉野先生、栗田先生。
　　(2) 真言宗豊山派総本山長谷寺第 80 世化主　　中川祐俊猊下
　　(3) 友を思う。
　　　　　一時帰国した沼倉夫妻を囲んで
　　　　　一つ屋根の下で。岩崎マンション
　　(4) 共感を呼ぶ。
　　　　　園芸作物、芸術作品

4　付属資料：奉仕会活動の略年表

資料:AVS ニュース第 13 号 1971 年 1 月 24 日　提供：菅田正治(昭和 46 年拓卒)

ＡＶＳニュース　1月号　1971年1月24日

A･V･S ニュース 第13号

東京都東京区

一九七一年の奉仕会の展望

会長　藤本彰三

「成長と福祉」が大問題とされている一九七一年を迎えた。だがインドシナ戦争・中東戦争の暗闇の中に一筋の光明を見い出そうと云う努力は相変わらず報われない様に見えない。一九七一年新春に当たり一九七一年の奉仕会に想いを巡らせてみたい。本年・奉仕会は創立以来九年目を迎える。高度経済成長と表裏一体に遊展し公害を生み出した「人間の機械化」が人年目を迎える人間疎外を計る段階に来て韓国への活動も継続してゆきたい。

我々日本青年の負う使命として有史以来八年間の活動の拡大を更に論外東南アジアへの活動地域の拡大を図るべく全世界の前に歴然として有る東南アジア諸国の前に否アジア諸国の前に援助する先達の一国であるとされている我々に一時的な急情を作り出すに於ける急激な人口増加、低開発地域に於ける格差の拡大は、我々に認めない状況を作り出しアジアの一国である日本は先達りアジアの繁栄を図っている日本のみの繁栄ではなく、日本のみの繁栄を図ってゆる時とし正しい発達ありえない。

一世紀の人類の存在を保証となり、一九七十年代の今後養の為、格別の存在価値を発揮するであろう。今年は国際社会の一員として東南アジアを勤める真に豊かなアジアを建設すべきである。低開発地域に、外理活動の為、又人間修業の為すべく、日本は国際社会の一員として東南アジアを含め、今年の夏の韓国派遣隊と東南アジア隊を、平和で豊かなアジアを予定であり、又ても成功させたいものである。又国内キャンプの負う使命も大きい。

万蔵院冬期ワークキャンプ 報告!!

リーダー　菅田正治

今回冬期ワークキャンプは十二月二十九日にキャンプの日程を終り今回の日程を終り、今回のキャンプの目的はＡＶＳニュース十二月号にも書いた今回のキャンプの間で奉仕会の活動を離れた状況に於き今回のキャンプに於き、会員の間で奉仕会の活動を自分に、自分のものと云う意識の欠如すると云うことに対する問題としてこれらの問題解決する為の同問題解決の場として今回のキャンプが開催されます。奉仕会に今回のキャンプで自分の活動に生きていくに、自分自身の活動の為に、

「成長と福祉」が大問題として、それで我国でも日本の国のみの繁栄を相手国での活動と云う状況下で人間らしく生きたいと望み自己追求の路線で全力を尽すと共に対韓活動も緊急を計り今後も韓国での活動は良い教材なり、仕会に於いて活動を展開して来た。ニ会の建設を目指し国内外に於て活動を展開して来た。

AVSニュース　1971年　1月24日

「どう生きてゆくか」という基本的な問題を追求した為、ミーティングのテーマも「どう生きるか」とテーマを追求し、奉仕活動とは一人間として生きる、という事に於いて、ほぼミーティングのテーマに於いて活動していた。

まず第一回のミーティングに於いて奉仕とは何かというのを解いていった。奉仕活動という言葉そのものに人間と人間との行動への追求が含まれる。

奉仕活動とは、はじめ一年生の多くは奉仕を一般的にとらえていて、奉仕という言葉即ち無償の行為であるという傾向があった。しかし先輩のミーティングに参加し、我々奉仕とは、という事に於いて自使う。

奉仕という言葉に対しての内容は、奉仕とは人間と人間との協力であり、物質的なものより精神的なものがより大切である。

この事に関して、この事に関し一年生のゆくない実もあった。一度追求する事が必要である。「愛」という言葉が出たが、この言葉も非常に深く追求しこれらをミーティングの中でも今回のキャンプの場でもこのミーティングが単にキャンプの場のみのミーティングで終る事なく、日常生活の中でヌヌヌを追求していけばという事である。

終りに、このミーティングで園長先生と二回の討論ができ、

園児のクリスマス、農大生対慈光学園の交流、二十四日のクリスマス会、二十一日の先生方の反省会があった。

160

だ。園児の世話をした際、そして園児のバレーボールの練習に参加した時であった。もっと交流の時間が欲しいと言うキャンパーの声もあった。精神薄弱児との交流を通し、園児と自分を比べて考えたり、園児は将来どのような生活を送るのかと考えたり、先生方の苦労を考えたりで、人間というものを考え、進んでき、又教えられる事もあった事と思う。よってもっと多くの交流の時間を欲したのであろうが、短いキャンプであり、ワークとの関係もあり、園児との交流は以上のようになった。又学園の先生方との話し合いも日程の関係上持つ事ができなかったが、これらは今度のチャンスにしていただきたい。ところでキャンプの成果はどうであったか。はたしてキャンプの目的とする十分満足するだけの成果があったのか、現在のところまだ私にはわからない。私はキャンプは行う事に、参加することに意義があると考えている。自分の目的とする事が十分得られなくても、そのキャンプで得られるものは無意識のうちに自分のもの

としていると考えるからである。しかし、十分の成果を期待する場合、そのキャンプに対する目的意識がはっきりしていなければ、得られるものは得られては、良い成果を得た場合、十分とは言えないのではなかろうか。では目的意識とは何であろう。奉仕会の目的文にある人間相互の尊重と協力という言葉を読んだところで理解はできない。それを自分自身の中にそのような状態を造りだしてはじめて理解できるからである。人間らしく生きいきと願う所。毎日の生活の中に各自が望む人間らしい生活が実現しなければならない。このように自分の生き[illegible]とすべくキャンプは自分[illegible]を追求する場であり、[illegible]う人達が集まり、お互いに目的[illegible]あう場であるのだ。これが目的意識と思う。キャンプの準備[illegible]持って何度かのミーティングに対する認識を求めようとしたが[illegible]た。それは十八日のキャンプ[illegible]インで選ばれてキャンパー[illegible]一員として[illegible]名のキャンパーが示した

すく出た、十分な目的意識を持ってこそ実り多いキャンプになる事と思う。ただ一年生は今回のつどキャンプは初めてであり、そのキャンプというものを通してAVSに対し、又キャンプに対して各々各自の考えを持ったとすれば[illegible]奉仕会活動[illegible]地域社会[illegible]多くの人の善意に見守られたキャンプであったろうということで[illegible]のみならず、[illegible]学園の先生方[illegible]ーていただいた吉田先生、八日の総会に出席していただいた[illegible]先生、吉吹[illegible]、小野賢二先輩、[illegible]

AVSニュース　1月号　1971年　1月24日

帰国報告!!
"厳寒の韓国を訪門して"

〜ベトナム便り〜

「アジアの中の日本」
OB　中村欽二郎

資料:AVS ニュース第 13 号 1971 年 1 月 24 日　活字起こし文

1971 年の奉仕会の展望

会長　藤本彰三

　「成長と福祉」が大問題とされつつ、それでも日本は平和のうちに 1971 年を迎えた。だが、インドシナ戦争、中東戦争は相変わらず、暗闇の中に一数の光明を見いだそうという努力は報われたようには見えない。新年の年頭に当たり、1971 年の奉仕会に思いを巡らせてみたい。

　本年、奉仕会は創設以来 9 年目を迎える。高度経済成長と人間の機械化が表裏一体に進展し、人間疎外、公害を生み出した状況下で、人間らしくいきたいと望み自己追求の路線で全ての人々が幸福に生活し得る社会の建設を目差し国内外に於いて活動を展開してきた。21 世紀の人類の存在を保証すべく、1970 年代の今日、日本は国際社会の一員として東南アジアを含め、アジアの国々とともに、真に平和で豊かなアジアを建設すべきである。

　低開発地域における急激な脅威、南北の格差の拡大は誤算すら認めない状況を作り出している。アジアの一国であり、しかも先達である日本は、自国のみの繁栄を固守しているときではない。日本のみの繁栄も考えられない時となった。先達として、正しい意味で協力する必要性を、アジア諸国の前に、否全世界の前に歴然として有している。我々日本青年の負う使命は大きい。

　今まで 8 年間の、国内、韓国、東南アジアでの活動実績は必然的に現奉仕会をアジアに導く。即ち奉仕会は、さらに東南アジアへの活動地域の拡大を計る段階に来ている。勿論、対韓活動も継続し、IVF への協力も怠ってはならない。そして韓国での活動は、現役奉仕会員にとり、またとないよい教材となり、外地活動の為、また人間修養の為、格別の存在価値を発揮するであろう。今年の夏の、第 7 次韓国派遣隊と東南アジア隊を、どうしても成功させたいものである。又国内キャンプの負う使命も大きい。

万蔵院冬期ワークキャンプ報告!!

リーダー　拓 3　菅田正治

　今回、冬期ワークキャンプは 12 日間の日程を終わり、無事 12 月 29 日にキャンプアウトした。今回のキャンプの目的は AVS ニュースの 11・12 月号にも書いたように、会員の間で奉仕会の活動が自分のものと思えないということが問題となり、それは会活動に対する問題意識の欠如、連帯性の欠如ではないかということで、これらの問題を解決する為に今回のキャンプが開催された。

　まず奉仕会の活動が自分自身の活動であり、自分が生きていくに、いかに生きてゆくかという基本的な問題を追及した為、ミーティングテーマも「奉仕活動」、「人間らしく生きる」という二つのテーマに絞った。ミーティングに於いてはまず奉仕という言葉そのものの概念から入り、奉仕会員はどのように奉仕という言葉を理解

しているか。さらに奉仕には行動(活動)を伴うが、この奉仕活動とはいかなるものか、という追及がなされた。

　その後、人間らしく生きるというミーティングテーマに移った。「奉仕活動」というテーマを通してまとまった事は、人間同士お互いに尊重しあい、協力し合って精神的、できるなら物質的にもよりよいものをめざしてゆく、これを奉仕活動と呼ぶ事で一応の結論を出した。「人間らしく生きる」というテーマに関しては奉仕活動のテーマと反復する点もあったが、これも一応一致した意見として人間は理想を持ち、奉仕活動は人間にとって人間らしき生き方であり、理想に向かって進む人間は、又その姿は人間らしいという事でミーティングを終わった。

　このミーティングで問題点が明らかにされた。それは奉仕という言葉に対してである。一年生の多くは奉仕を一般的な奉仕、即ち無償の行為であるととらえている傾向があった。しかし、笹子先輩のミーティング参加もあり、われわれ奉仕会で使っている奉仕ということは自分が活き他人もまた活き、よりよくあるための協力であり、この行為は無償の場合のみでなく、有償の場合もあり得るのである。このことに関しては、一年生の間に十分に得心のゆかない点もまだ残っていると思われるので、この点をもう一度追求する事が必要である。さらにミーティング中、「愛」という言葉がたびたび出たが、この言葉も非常に抽象的なため、より深く追求されねばならない。これらが今回のミーティングにおいて残された問題点だと思われる。この問題点の解決は、今回のキャンプでのミーティングが単にキャンプでのみのミーティングで終わる事はなく日常生活の中で、又キャンプを通して追求されねばならない。なお園長先生と２回の討論の場を持つことができ、話を聞く事ができたのは、ミーティングの内容を深めるにもよかったと思っている。

　ワークの内容は雑木林約20aを将来"芝"を植えたいという事で、雑木を切り倒し、笹やカヤ等を切り取り、深さ約40センチメートルに天地返しを行いながら雑木の抜根、笹、カヤの根を掘り出す作業であった。途中２名が風邪のため寝込みはしたが、28日の午後には天地返しは終わり、次の作業である整地作業まで手が届かず、学園の方でやってもらう事になった。以上がワークの内容であるが、ワーク自体はそれほど厳しい作業とは言えなかったが、作業が天地返しという単純労働で雪の中の作業もあったことなど辛いときもあった事と思う。ワークは奉仕会活動又奉仕活動の具体的な建設活動の場であり、言葉を超えた相互理解の場であり、そして労働に対する喜びを体得する場なのである。辛い作業はお互いの心と心を強く結ぶであろう。

　今回のキャンプで重要であった学園の園児との交流は24日のクリスマス、農大生対滋光学園の２度のバレーボール大会、21日の滋光学園の先生方の反省会のあいだ、園児の世話をした際、そして園児のバレーボールの練習に参加した時であった。もっと交流の時間がほしいというキャンパーの声もあった。精神薄弱児との交流を

通し、園児と自分を比べて考えたり、園児は将来どのような生活を送るのかと考えたり、先生方の苦労を考えたりで、人間というものを考え、追求でき、又考えられる点もあった事と思う。よってもっと多くの交流の時間を欲したのであろうが、短いキャンプであり、ワークとの関係もあり、園児との交流は以上なようになった。又学園の先生方との話し合いも日程の関係上持つ事ができなかったが、これらは今度のチャンスにしていただきたい。

　ところでキャンプの成果はどうであったか。はたしてキャンプの目的を十分に満足するだけの成果があったのか。現在のところまだ私にはわからない。私はキャンプは行う事に、参加する事に意義があると考えている。自分の目的とする事が十分得られなくても、そのキャンプで得られるものは無意識のうちに自分のものとしていると考えるからである。しかし、十分の成果を期待する場合、そのキャンプに対する目的意識がはっきりしていなければ、得られるものは得られたとしても、よい成果を望む場合、十分とは言えないのではなかろうか。では目的意識とは何であろうか。奉仕会の目的文にある人間相互の尊重と協力という言葉を読んだところで理解はできない。それは自分自身の中にそのような状態を造りだして初めて理解できるからである。人間らしく活きたいと願う時、毎日の生活の中に各自が望む人間らしい生活が具現化しなければならない。このように自分のものとすべくキャンプは自分の生き方を追求する場であり、お互いに競い合う場であるのだ。これが目的意識だと思う。キャンプの準備として何度かのミーティングを持ってキャンプに対する認識を深めようとしたが十分ではなかった。それば 18 日のキャンプインで遅れてキャンプインした一年生 5 名のキャンパーが示してくれた。十分な目的意識を持ってこそ実り多いキャンプになる事と思う。ただ、一年生は今回のようなキャンプは初めてであり、その為キャンプというものを通して AVS に対し、又キャンプに対して各々各自の考え方を持つようになったとすれば、それは又成果があったと言えるのではなかろうか。キャンプで追求された事は奉仕会活動をやってゆくにもっとも基本的な事が追求されたと言ってよい。奉仕会活動の方向性が海外に向いている現在、このキャンプで追求された事が土台となり、なぜに外地に出るのか、外地活動の意義は、そしてその底に流れる考え方というものは何か、といった外地活動を自己の生き方のみでなく、歴史的に、又社会的に追求されなければならない。今回のキャンプを通して言える事は、多くの人の善意に見守られたキャンプであったろうということであった。萬蔵院、慈光学園の先生方のみならず、おにぎりの差し入れをしていただいた吉田先生、28 日の納会に出席していただいた佐野先生、矢吹先生、来訪していただいた小野賢二先輩、地曳隆紀先輩、キャンプに参加していただいた笹子実先輩、戸松正先輩、そして御菓子の差し入れをしていただいた山口真智子先輩である。この紙面にてお礼申し上げます。

（※編集注：当時の雰囲気を変えない為、誤字や文言誤用に対しても一切手を加えてありません）

栗田先生遺稿【1】

栗田先生遺稿　杉野さんとの三十年

　「海外拓殖の理論と教育」を、私は学校からの帰途、房総東線」の車中で読んでいた。八月も末の事だった。房総東線は今でもこの頃になると列車の轟音の隅間に、スズムシ、マツムシの声がふんだんに飛び込んで来る。何回目かの読み返しであったが、生々しく追って来る。杉野さんの声に、私は本を置いて窓外の遥かな空に眼を投げた。そうせざるをえなかったのである。夕闇の暮れ去らぬ空の雲間に一つの淡い星が光っていた。私の胸の中で突然に「杉野さん」と、その星に呼びかける叫びが爆発した。

　この本は、私が Nepal へ出かけて留守の間に書かれたもので、又明暮れ十年間一緒にいて知りすぎる程知って居ると安易に思っていた故もあって、今年富士農場の拓殖実習に岡辺君が持参したものを一寸覗き見するまで読むひまもなかったし又忘れてもいた杉野さんに急逝されて見て、もっと話し合っておけばよかったと、心から悔まれ、又現実の問題に直面して、杉野さんと相談してみようと無意識にまずうかぶ心の動きに、ひしひしと迫る何ものかに動かされて居た折、この事を偶然に覗く事が出来たのである。そして私は余りにも生々しい杉野さんの息吹きを、茂原以来十年間の息吹きを、その本の中に感じた。この本の活字の裏には、杉野さんの苦しい思い出、楽しい思い出が十年間の才月の中に走馬燈の如く私の目に浮かんでくる。或る意味では、それは、私の十年間の歩みでもあるからだ。この本は、私にとっては、あまりにも生々しい杉野さんの息吹であり、肌の温もりである。それ丈に一頁一頁一字一句の中に、私は自分の血の一滴まで杉野さんと同化するような切なさを覚える。夕空の星に向って、今は亡き人の名を呼ぶと、センチメンタリズムと嘲べば嘲へ。情熱と真実とに生きる者には淡い星の光芒の中に永遠の生命の交流を見る。

　私が始めて杉野さんの名を聞いたのは昭和四年、京都の三校に入学した年である。私はその年の初夏、秋雨堂寮生となった。秋雨堂寮とは当時三校の生徒主事だった佐藤秀堂先生の私塾の様な寮である。今、ＳＣＩアジア事務局長の佐藤博厚君の岳父である。この佐藤先生は杉野さんとは平井さんを含めて親友トリオの間柄だったのである。ここでよく杉野さんの話を聞いた。当時杉野さんは橋本先生の処に居られたのであるが、東大新人会時代の事が大分たって京都特高との間に大分問題があったのである。橋本先生の保証で京大で教鞭をとって居られるのにかかわらず特高は常に眼をひからせていたのだ。昭和三年の御大典の時にも、京都退去の強制処分が杉野さんになされた。身辺がおかしいと察して、佐藤先生は特高の眼をつけそうな蔵書はいち早く自分の下宿の天井裏へ隠したものである。当時杉野さんは何処へ退去されたか聞き忘れたが、当時の特高は相当執拗を極めた。尤も、この頃は学生の左翼運動が最も盛んになった時で、直後に滝川事件が発生している。然し不思

166

議に私は京都で学生時代には杉野さんとは顔を合わせた記憶がないのである。私が京都の農学部へ入学した年には杉野さんは農村更生協会理事として京都を去られたので、丁度入れちがいとなった。私は秋雨堂寮に最初から佐藤先生が満拓へ赴任されて、この寮の閉鎖まで前後六年間御世話になったが、ついぞ杉野さんと同席した記憶がない。それにもかかわらず、相当強い親近感をいだいて居たに違いないのは、私が京都を卒業して茨城の加藤寛治先生の下へ行く途次、東京の「えびす」にあった杉野さんの家で一泊させて貰った事で判る。佐藤先生の指示もあったのだが、私が竹崎先生に駄々をこねて就職を全部断ったあげく、竹崎先生から橋本先生へ、橋本先生から石黒先生へ、石黒先生から加藤先生へと送り込まれたのだが、この裏には私と佐藤先生との関係から、杉野さんの陰の配慮があったにちがいない。

　初対面の杉野さんだったが、余りしばしば聞かされて来ていたので、初対面と云う気分は全くしなかった。佐藤先生が当時の吾々の兄貴分の様な感じ、そのままに杉野さんには高等学校の先輩以上の兄貴分と云う親しさが会う前から出来てしまっていたのである。この時から私と杉野さんとの長いそして兄分弟分の深いつながりが三十年と云う長い年月の間続いて来た。茨城へ発つ前、一つ橋の学生会館で杉野さんの紹介で石黒先生に挨拶したのは昨日のようにまざまざとよみがえる。昭和十二年の四月の事なのに。

　私は、その足で当時茨城県友部にあった日本国民高等学校へ、一研究生として入寮した。この学校の研究生には相当な猛者が集って居た。井上勝英君とは同期の研究生として知り合った仲である。杉野さんも京都時代に一研究生として一夏すごされた経験がある。当時、この学校の作業は真剣そのものだった。杉野さんも一研究生として、この激しい農業労働に汗をながしたのである。身分、地位そんなものは農業労働の前には何の意味もない。一助教授の杉野さんも終日大豆、陸稲の除草に汗を流したのだ。その頃は、まだ機械は全くない。すべて除草作業鎌片手の手取りである。初夏の太陽を真上から受けて、風はあっても頭の上を素通りする作物の間に終日しゃがんで草をとる作業は相当なものである。汗は流れる、日は照りつける、それにもまして馴れぬ者の苦痛は腰が痛いのをとおりこして痺れてしまうことである。いかに頑張屋の杉野さんも、この肉体の悲鳴はどうすることも出来なかったらしい。毎日、ここのこの仕事にとうとう杉野さんの腰は曲ったまま、伸びなくなってしまった。伸びぬ腰では歩くことは出来ぬ、帰りには杉野さんは畑から寮まで這って帰ったそうな。

　私が研究生として入った頃この杉野さんのすざましさをよく聞かされた。経験のある人は良く判ると思うがこの作業の腰の痛さは並大抵のものではない。私地自身は小さい時から鍛錬か、柔道の故か余りこの苦痛を知らぬが、腰が無感覚になる事は経験した。又一時私がやっていた無門農場へ、この研究生時代の友人が一緒にやらせてほしいと云う訳で来たが、陸稲の除草で音をあげてしまった。柔道四段の猛

者であったが最後には陸稲の畦間を文字通り這って除草したものだ。随分、無茶な様に見えるし、馬鹿な事をして居たとも云えようが、生きる事の尊さ、経済行為以前の第一義的生産としての農業の真価を、これ程真剣に追及する人間生き方を今の人には判るだろうか。農業を単に全業的職種と考える人々に農業が民衆ひいては人類の生命の出発であること、そしてその事は科学の進歩の如何をとはず人類の生命を支える基盤であることが判るだろうか。杉野さんの鋭さを以てして、尚且つ、この寂しい追及の道に腰を曲げさせたのは、真実への追及の情熱だったと思はれる。

　昭和十二年は、満蒙開拓青年義勇隊の出発の年である。この頃、杉野さんは、義勇隊の立案実施に、又方々で発生して来た満州分村の指導に東奔西走の有様だった。私も埼玉県の秩父分村計画には大分杉野さんの知恵を拝借したものである。義勇隊が次第に拡大強化されるにつれて、早晩その指導者の養成が必要であることに気のついた、嘗ての国民高等学校の研究生の中から学生義勇軍の編成訓練と云う企画が生まれてきた。井上君も発案者の一人である。今は静かな入植地で僅かに老樹となった桜の並木に昔を偲ぶ内原の松林中に疾風迅雷的訓練所の建設の中で、吾々は杉野さんを中心として、全国の大学、高専の学生動員の方法や理念を考究したものである。杉野さんも吾々も作業に汚れた地下足袋、巻脚絆の姿で、出来たばかりの生木の日の丸兵舎の中で喧嘩の様な議論をたゝかはしたものである。この時も杉野さんは先輩というより、吾々にとっては兄貴分と云った感じだった。我々の仲間は向う意気の強い者が多かった。中々命令や指示には納得が行かねば従たがはぬ妥協を知らぬ純真さとでも云っておこうか。杉野さんにも遠慮なく喰ってかかったものだった。杉野さんも大分手古づったらしい。こんなこともあった。あんまり云う事を聞かぬので吾々を査問会にかけると云う動議が本部でなされたことがある。若い連中、怒るまい事が、カンカンになって人間の真実を誰が査問し得るかと息まく始末で、これは結局うやむやになったが、若い者の先頭に立って居た杉野さんは大分困ったらしい。

　この学生義勇軍は十二月から話が始まって、翌十三年の春休みには北は北大から南は鹿児島高農まで全国の学生約五十名を集めて一ヶ月の徹底した訓練に入ったが、この資金的なバックアップは皆杉野さんに一任してしまったのである。丁度、この最初の学生義勇軍の訓練隊長を私がやったが、今にして思えば、いい気なもので、勘じんな資金の方はさっぱり無関心で、ずい分杉野さんに迷惑をかけたものだと思っている。私はこの年、応召して一年中中支戦線に従事、こえて昭和十四年帰還したが、或る事件で私は無門農場の徹底した簡素生活に入った。杉野さんは、この私を一歩後退二歩前進と評したものである。私はこの農場で腕一本鍬丁に全精神、全生命を託したものであった。然し私はこの農場は一年で志那大陸に渡り、次いで杉野さんも満州へ移り、満州国顧問として大活躍されたのは人の知る処である。私は加藤先生の計らいで、河北交通の宇佐美総裁の下へ行き、十八年帰国するまで中

北支蒙古を思う存分歩きまわった。然し、不思議な事に、満蒙開拓のメッカと称された内原に縁が深いくせに満州とは殆んど縁がなかった。こんな訳でこの数年間は私と杉野さんは殆んど顔を合はせる事はなく、各自の道を目指す方向へ歩いて居たことになる。

　杉野さんは昭和十九年九月に満州を辞して郷里石川の志雄へ隠棲されたが、何故かの理由は海外拓殖秘史の十七頁に杉野さん自らの筆ではっきり書かれてある。杉野さんが満州から帰るか否かを決する時、相当満州の移民のあり方について議論がたゝかはされた模様である。はっきり云うと当時の移民のやり方に大きな不満があり、融和を無視した押しつけ式やり方は杉野さんには我慢の出来ぬものだったらしい。満州移民の創生期に東奔西走し、軌道に乗った時は創生期の精神が忘れられて、あらぬ方向へ奔流の如く流れて行く姿に将来画かれるであろう歴史に、杉野さんはきっと慄然としたのに違いない。激論の末、満州と袂を別って郷里の農村の中へ沈潜が如実に之を物語る。僅かの土地の上での、この修練農場の経営は、相当なものだったらしい、生活の激しさを覗う一つの話を私は富山の友人から聞いた。終戦直後の事であるが、嘗ての学生義勇軍の同志の一人で富山の山奥の友人が峠を一つ越えた志雄に杉野さんを訪ねた事がある。この時、今は亡い、前の奥さんが友人に「最初は何度東京へ帰ろうかと思ったか知れぬ」と語られたと云う。無理もない全く都会育ちの奥さんに、この様な修練道場で初期の貧農の子達と朝から晩までの野良仕事では、さぞ辛かった事と思うが、既に東京は空襲でその家はなかったのである。奥さんのその言葉から当時の生活がどんなものか想像が出来るが、敢えて郷里の農村の中に自己を沈潜して時代を超えて真実に向う杉野さんの純粋さが、その生活の中に輝いて居るのを私は見る。この奥さんは過労の極、遂に修練生の卒業の日、お祝の赤飯を炊きながら逝かれたが、思えば、拓殖学科十年の杉野さんの情熱は常人の越え難い過去の苦難の幾山坂をのりこえて到達された結果と肯かれる。

　私は十八年初夏、蒙古の西の端から帰国して、終戦後は内原で僅かの土地に一家の生命を託して人間追及に没頭して居た。この頃、と云っても昭和二十四、五年頃だが杉野さんも内原へ度々来られたので、顔を合はせる事もしばしばだった。丁度、加藤先生が追放令で日本国民高等学校長をやめられたので、その後の処遇の相談に学校から招きでこられたのである。又この頃には、石川県内でも特異な農村指導者として、杉野さんは光って来た。勿論杉野さんの昼夜の別なく石川県の農村に、指導層に」官民の別なく石川県の農村に、農民に、「獅子奮迅」の努力をつづられた結果であるが、杉野さんの存在は石川県内の各層の上に大きく光って居たのである。

　杉野さんが親鸞に帰依されたのも志雄沈潜が起縁と思はれる。嶋野さんは明烏師の処へしばしば足をはこばれて明烏師とも特別な交宜が生じていたからである。之々杉野さんの中にはそういう素質があったに違いなかろうが杉野さんの歩いて来られた道程に起こった事、その目標とする処、それは明島師と会はれて心の琴線に

ふれるものがあって決定されたと思はれる。明鳥師の事をよく口にされるのを耳にしたのは石川以後の杉野さんからだし、爾後亡くなられるまで、好んで正信偈の句を書かれたものである。罪の意義、業の意義、よくよく杉野さんの胸深く徹ったらしい。そして同行親鸞に傾倒されたと見て間違い無い。この導師の役割、斡旋の労は明鳥師だった。

　私が、内原から能登に移ったのは次の様ないきさつである。杉野さんは、能登半島の最先端若山村の村長さんから、村の更生、産業指導者の斡旋の依頼を受けていた。能登半島の突端と云うと石川県内でも加賀平野の人ですら僻地あつかいして居たし、嘗て私はラジオで、日本で貧困地として報道されたのを記憶して居た。こう云う処である故か中々行き手がない。村の青年から村長は催促される。杉野さんは村長からまだかまだかと云われる。杉野さんが内原に来た時、この話を聞いた。当時私は心の準備も累々ある点に到達していたので、杉野さんに私が出かけましょうと申し出た。私の民衆の中への歩みは、杉野さんとの話合で第一歩を下したのである。今では鉄道が突端の輪島まで開通して、当時とは全く様子が一変した様だが、私が赴いた頃は、金沢の県庁へ出るのに乗物丈でも片道六時間かかった。私は県庁へ出ることもしばしばだったが、その度に必ずと云ってよい程、志雄の経営伝習農場へ立よった。そして杉野さんと会うのを楽しみにしたものである。農場の人も、私が能登半島へ帰る時には「奥野能登へ帰らっすけ」としみじみ後から声をかけてもらったものである。この言葉は雪の道を帰る時などには、私の生活をいたむひびきがしみじみ出て居るのを感じた。同じ県内、同じ能登の人すら、こんな感じをもつ当時の奥能登で、文字通り孤軍奮斗、生活と戦い、戦いの連続を続けて居た私には、志雄の一夜は時たま与えられる心のいこい場であったのだった。私が奥能登に居る間忙しい杉野さんに、一度、村へ来て貰った。未だ町村合併される前だったと思う。当時私は公民館長も兼ねていたので公民館での講演の後、宿舎にあてた公民館主事の家で村村の青年の頼みに応じて揮毫された句に曰く「大悲無倦常照我」之は、杉野さんが殊に好んで書かれた句で、正信念仏偈の中にある。これから見ても杉野さんが何を目指しておられたかが判ろう。

　こうして杉野さんと私とは地理的にも同じ県内で、同じ流れの中で生きて行く結果となったが、その起縁は杉野さんと一緒に石川県から農大に来る事になったのも不思議ないきさつの結果である。町村合併で心血を注いでやって来た私の計画が中断された事と、地域建設に限度があってそれをのり超えるには海外発展による他道がないと結論して、私は杉野さんに、そのチャンスを掴む為、中央に出るための工作を依頼した。それは昭和三十年早々の頃だった。私自身が海外に出て農村子弟の道を拓く計画を実行する為である。中々この様なチャンスは無いものだ。然し、丁度その頃農大に農業拓殖学科の計画が進められて居て、当時名城大に居た中村薫君から杉野さんはこの事を聞いて、私にどうかと云う事になったのである。それが杉

野さんと一緒に農大へ来る事になるとは思いがけぬ結果となったものである。

　杉野さんと私とは、こうして遂に同一足場で、同一の目的に向かって進む事になった。然しふり返って見ると三十年の昔、兄貴分、弟分として唯ひたむきに理想の実現を目指していた時から一緒に拓殖学科内で一切を学生諸君の人間形成の手伝いに全力を傾注した事も、思えば必然の見えざる糸の織りなしたあやと云う気がする。私は、時と場所と生活とも異にしていても、同じ流れの中を同じ方向に棹さしていたと思えてならぬ。私は斯様な人と早くから兄貴分として得た事、最後には同じ一舟に棹さすことになった事を心から喜ぶ。人生で、斯様な関係の人を得る事は容易に望んで得られる事ではない。はからずも私は杉野さんの思出の事が、杉野さんと私との過去三十年間のつながりを書く結果になってしまった。ずい分杉野さんには昔から喰ってかかった。農大に来てからも茂原で杉野さんに突かかり、激論もした。然し、今となっては、それはすがすがしい思出と云うより、魂とのふれ合いであった。にもかかわらず、杉野さんとは話しのこした事が余りにも多い事を痛恨する。いつまでも私の心から消え去らぬ杉野さんだ。

『米大陸へ「学卒移民史東京農大OBたちの記録』より。東京農大出版会刊

杉野忠夫

　明治34年大阪市堂島に生まれ、大正14年に東京帝国大学法学部を卒業。昭和31年の農業拓殖学科創設に伴い、第4代学長千葉三郎の要請により当時55歳で初代学科長に招かれた。

　学科は、千葉県茂原の分校に設けられた。旧海軍航空基地跡で、爆撃の跡も生々しい地に第1期生約60人を迎え入れた。「原始林に立ち向かうくらいのたくましさを」という杉野の指導で実習農場の造成から始まった。3年間で授業履修を終了し、4年目には海外実習を行い、その報告を卒業論文とする。実践的な杉野の「熱血指導」で海外移住の道が大きく開いた。

　「ゴリラのようにたくましく、神のような英知を」、「夜明けから日没まで、百姓は百の仕事をする」。そう唱える杉野教授は自ら実習農場造成のクワをふるった。学生、教職員も一丸となって汗を流した。

引用:『米大陸へ「学卒移民史東京農大OBたちの記録』

栗田先生遺稿【２】

「卒業生諸君に贈る」　　昭和49年2月18日記

昨年秋、東南アジアを訪問した田中首相は非常なホットウエルカムに接した。そして田中首相は、これからの日本人の姿勢として、現地の人と食事を共にしもっと現地言葉を勉強するようにとの談話を発表した。又　相互の理解、交流を深めるため「国際青年の船」の構想も発表した。

　1962年、はじめて私はネパールを訪れ、ネパールに対する各国の援助競争の実際を見聞して、競争は民衆不在の次元で演ぜられているのを痛感した。そしてその年、雨期になったら数ヶ月全く陸の孤島になるネパールの最僻地西端タライの洪水平原の中に立って、その開発を考えた時、私は「民衆の中で民衆と共に」これが開発協力の真髄でなければならぬと考えた。後年　毛沢東が海外で活動する中共要員への指示に私の考えたことと同じようなことを言っている事を知って、流石彼も東洋人と思ったことがある。と同時に毛沢東のこの指示に私は恐るべきエネルギーを感じた。中共の海外活動要員には、文字通りにそれを実践する姿があるからである。

　1964年私が再度ネパールを訪れ、ヒマラヤの山中に滞在した時に雇ったボーイの体験談を記そう。中共派遣要員の生活実践がどんなものかを推定するよい例である。今、カトマンズから国境のコダリまでの調査生活を共にした。その時の中共要員の生活は、このボーイの生活と殆ど同じ水準のもので、その調査活動は激しいものであった様である。中共派遣要員達の食事は全く現地調弁でこのボーイが調達していたらしい。食料の無い時は猫を食べたこともあったと言う。このボーイは私に二度とあんな仕事はいやだと語っていた。日本人から見たらネパール山岳地帯の人々の生活は桁はずれにきびしい。そのネパール人が驚くのだから、中共要員の生活がどんなものか累々想像できよう。

　それから10年に近い歳月が流れて、近い隣の東南アジアを日本の総理が訪問して、今更の如く同じことが叫ばれる。だが「国際青年の船」水準発想で、「民衆の中で民衆と共に」が具体化できるだろうか。中共海外要員の様な激しい実践青年をうみ出せることができるであろうか。「民衆の中で民衆と共に」を発想させるまでに到っただろうか。「国際青年の船」の発想では何を結果するだろう。「国際青年の船」に参加する青年達は夫々の国の体制の限られた枠内の青年で占められよう。ほんとうの理解や協力はそういう体制の更に基盤を形成している。体制を支えている民衆と民衆との触れ合いがなければ完成されはしない。日本が地球未来史の中に自己の存在を主張しようとするならば、民衆と民衆との触れ合いを基調とした国際活動が絶対に必要であり、そういう発想による運動の展開が待望される。

　「民衆の中で民衆と共に」は奉仕会活動の基調でもあった。これからの日本の内外の状態は共に非常にきびしくなる。希くは卒業生諸君、自ら立つ所を見失うことなく、悔いのない人生を拓き築いて行かれることを祈る。

栗田先生遺稿【3】

古希祝賀会に際してごあいさつ文

昭和 56 年 7 月 18 日

拝啓

　本日は、諸先生方及び農業拓殖学科卒業生有志多数の方々が　ご多忙中にもかかわらず私の為に、古希の祝賀会を催してくださいましてまことに有難く衷心より厚くお礼申し上げます。

　最初、この祝賀会は四月十一日を予定して戴いておりました処、三月二十日、突然に強度の目眩に倒れましたので、急遽日時の変更とゆう、大変な迷惑をおかけしてしまいました。心からお詫びいたしますと共に、幸い唯今では略々健康を回復致しましたので、何卒御休心くださいますよう御礼申し上げます。

　偖、私の辿りました七十年の過去を顧みますと、夢の如く、又反面、歩いた途の起伏に多少の感懐なきを得ません。私は明治四十三年八月三日、濃尾平野の西端、関ヶ原に近い栗原村の一農家に生まれました。

　大正から昭和の初期における西濃一帯の平野は、春ともなれば紫雲英、菜の花で埋めつくされ、所々に濃緑の麦田をちりばめた、絢爛豪華且雄大な花の絨毯の中に、村々の浮かぶのが常でありました。冬には、見はるかす東、地平の果、紺青の霜の上に雪の御嶽がそびえ、その彼方に遠く木曾、赤石の山系が白く淡く光るのを眺めながら、伊吹嵐に大凧を揚げたものでございます。私の幼少年期は、このような自然の中で、山に兎を追い、川ではカッパを恐れ、ロマンに溢れて育ちました。

　昭和四年、私は京都の第三高等学校に進みました。この年から全十二年春、京都帝国大学農学部を卒業するまでの八年間の私の足跡は、結核闘病の歴史で有り、魂の遍歴の時代でもあります。

　大学では作物育種を専攻し、竹崎嘉徳博士のご指導を受けました。又、木原均博士の研究室にも通い、その後指導も受けました。私のテーマは、突然変異に方向性を与えようとする「染色体の破壊」でした。これは故あって大学卒業と全時に放棄しています。

　私は、海外活動を志して、卒業後は野村合名会社の経営するボルネオの大ゴム園に、ゴム樹の改良に従事することに、ほぼ内定していたのですが、これは胸の宿痾の故に入社を辞退しなければならぬ羽目となりました。こういうことがあったので、その後、私は、竹崎先生の農林省鴻ノ巣試験場への推薦も、大蔵省煙草専売局への推薦も一切辞退しまして、茨城県友部の日本国民高等学校で日本農村青年教育に精魂を打ち込んでいられた加藤完治先生の元へ、一研究生として参りました。　これも竹崎先生のご配慮によるところでした。当時、先輩諸兄は皆、私が友部へ行くことに対して、「君の現在の健康では、友部へ行くのは死にに行くようなものだ」と忠

告してくださったものです。然し、私は魂の遍歴の当然の道筋と信じて、まっしぐらに加藤先生の元へ走ったのであります。

　昭和十年代は、日本激動の十年であります。昭和十二から十三年は、満州移住植民運動の大爆発した時です。その運動の原点、最高指導者は加藤先生でした。当然に私は、先生のこの運動のお手伝いをしたのですが、それで私は長年の結核から脱出することができました。昭和十三年八月、私は軍の招集を受けて、一兵卒として揚子江中流の武昌、漢口、岳州地区の戦線へ出征しました。帰還後、全十七年には、私は加藤先生から華北交通株式会社宇佐美寛爾総裁に預けられ、大陸に渡っております。それから加藤先生の命令で帰国するまでの二ヶ年間、私は北支、蒙疆を自由に歩きまわりました。わたしのひそかに抱いた究極の目標は、タクラマカン砂漠南側のタリム盆地へ入ることだったのですが、これは遂に果たせませんでした。十九年春帰国後は、東京都嘱託として空爆下の東京で、約五十名の青年と蔬菜自給生産の現場指導に当たっていました。

　昭和二十年代は、能登半島突端に居りました。当時、石川県立経営伝習農場長だった杉野忠夫博士の要請で、珠洲郡和歌山村更生活動に没頭していました。陸の孤島といわれたこの奥能登は、石黒忠篤先生が此地を訪れて「珠洲桃源郷」と揮毫されたくらい、人情は極めて純朴、泥棒は皆無の別天地でした。私の家の庭先には、毎朝、雉子がひなをつれて遊びに来たし台所へは狐が残飯をあさりに来たほど、自然の豊かな所でしたが、住民の生活は、日本三大貧困地の一つと NHK が放送していたほどの僻地でした。

　この更生活動は、充分にみるべき成果を上げましたが、私は大変な問題に突き当たっておりました。耕地はせまくとも、経済力は小さくとも、とにかく長男には生活の場が与えられていますが、どんなに考えても、もがいても、次男、三男には生きる場がありません。当時の日本は、未だ都会や第二次産業に、こういう労働力を吸収する能力はありませんでした。　生きる場のない若い人々に何とか活路を開くには、海外移住しかないと考え、折に触れて杉野さんに相談して居りました。丁度その折、東京農業大学に農業拓殖学科の開設される運びとなり、多少の紆余曲折はありましたが、昭和三十一年四月杉野さんと一緒に、私は東京農業大学に奉職する事になりました。農村に溢れる二、三男の生きる途を開拓する尖兵となる方針で、私は能登を離れたのであります。

　満州植民に於ける加藤完治先生の信念がそうでありましたように、戦後においては尚更に、人種、文化が異なっても、共に相たずさえて楽土建設に進むことこそ、移住、開発協力の理想像として、これを私は農業拓殖学科開講頭初からの、私の教育理念と致しました。学生諸君には、国際人、拓殖人としての躾を身につけてもらうこと、己を知って宗教的精神基盤に立って拓殖活動を実践する事を説いて来ました。爾来、二十五年、これは私の変ることのない信条でありました。

174

こうして越し方を振り返ってみますと、私の七十年の人生は、実に多くの方々のご指導と愛情の賜物であった事を悟り、感謝の念を禁じえません。分けても、私の人生の三分の一、二十五年の長い歳月を、この農業拓殖学科で過ごし得ましたことを非常に有難いことと、感謝して居ります。

　今、人生晩年の関節、古希の門をくぐって思いますことは、残された命の一瞬一瞬に、悔いのない歩みを続けたいという事であります。そして、自らの人生の最後のページを閉じる時、すなおに自然に帰って行けることであります。

　ほんとうに長い間のご厚誼有難うございました。重ねて茲に諸先生方および農業拓殖学科卒業生有志の方々のご厚情に心から厚く御礼申し上げますと共に、各位の御多幸御健勝を切に祈念申し上げます。　　　　　　　　　　　　　　　　合掌

各位

　　　　　　　　　　　　　　　　　　　　　　　　　　昭和56年7月18日
　　　　　　　　　　　　　　　　　　　　　　　　　　栗田匡一

栗田先生著「Vegetables in Nepal」
70歳の記念に英文で出版された。
本稿は著書に添付されていた挨拶文をそのまま掲載した

栗田先生ご夫妻
昭和60年春、茂原で。写真提供：栗田絶学氏

写真資料

師を偲ぶ：杉野先生、栗田先生

杉野忠夫先生方の慰霊碑

「杉野忠夫先生
　先覚農大同窓生　追悼の碑」
　黒い御影石にそう刻まれた碑は、サンパウロに隣接するグアルリョス市の墓地内にある。杉野教授の薫陶を受けたブラジル在住の校友らの尽力で昭和48年に建立された碑の表字は、千葉三郎・第4代学長の筆による。過去帳に記された物故者は42人。千葉三郎先生、杉野忠夫先生、栗田匡一先生も分骨されている。
　碑には「煩悩障眼難不見　大悲無倦常照我」と親鸞のお経の一節も刻まれている。「煩悩とは自分中心の考えのこと。それでは回りは見えない。仏さまに照らされている、守られていることを忘れずに」といった意味であろう。「大悲」の二文字に、成功と挫折、光と影が織りなす移住の歴史をしのぶ。
『米大陸へ「学卒移民」史東京農大OBたちの記録』東京農大出版会刊より引用
写真提供：岩澤貞夫

栗田先生一周忌でOBが集合した。昭和63年8月、茨城県阿見町にて

真言宗豊山派総本山長谷寺第80世化主　中川祐俊猊下

茨城県坂東市の真言宗豊山派萬蔵院第73世住職。真言宗豊山派第26世管長、総本山長谷寺第80世化主に任ぜられた。

平成4年には「宗教交流と平和使節」として、バチカンでローマ教皇ヨハネ・パウロ2世に特別謁見して「お互いに世界平和の為に努力しましょう」と言葉を交わし、自らが描いた書画を贈呈された。

奉仕会の名付け親であるばかりでなく、卒業後も戸松正氏を始め多くのOBが「御前様」と慕い、小野賢二氏は「猿島の父」と仰いだ

慈光学園

昭和25年、中川住職の次男が病に冒され半身不随・知能発達障害となってしまった。当時は治療方法もなく、訓練のための施設もなかった。

治療を求める中で社会には似たような子供たちがいることを目の当たりにし、そんな子供達がより良い生活ができるよう発願して、みんなで住む慈光学園を建てた

60周年を迎えた慈光学園

3万坪の寺の敷地に、今では福祉型障害児入所施設、就労継続支援、認知症対応、保育所等の施設がひろがっている。
写真は慈光学園ホームページから転載

友を思う： 一時帰国した沼倉夫妻を囲んで

2017年8月27日、沼倉公昭夫妻を歓迎する会にて（女子栄養大学駒込キャンパスで）。前列右から笹谷輝雄(SCI)、竹村征夫、地曳隆紀・いく子夫妻、沼倉公昭・ジョゼット夫妻、間田豊尚(SCI会長)、豊田素子(SCI)。後列右から杉山孝行(SCI)、豊田SCI副会長、中木義宗、大竹道茂。（写真提供：大竹道茂）

一つ屋根の下で。岩崎マンション

奉仕会員達が「岩崎マンション」と呼んだ、3畳一間5部屋の古下宿。その内の1部屋が部室にあてがわれ、そこで「夜な夜なわけのわからない議論が行われていた（門間敏幸氏）」。左は勉強中の藤本彰三氏。卒業後マレーシア・マラヤ大学大学院、オーストラリア・フリンダース大学大学院に留学。帰国後農大の教授となった。右は中庭上方から部屋を見る。右下隅で窓枠に頭を乗せているのは栗田絶学氏。卒業後は国連ボランティアを経て米国アリゾナ州立大修士課程で学び、JICA専門家を経てODA開発コンサルタントとして68歳で引退するまで世界の30ヶ国の農業開発に従事した。岩崎マンションは昭和49年頃閉鎖され、その後渡辺マンションに移った。写真提供：門間敏幸

共感を呼ぶ： 園芸作物、芸術作品

竹村征男　シャクナゲ
ネパールの任地、チュモア村から持ち帰ったシャクナゲにちなんで「チュモア」と名付けたシャクナゲを栽培する。

安倍浩　野生ギボウシ
長野県八ヶ岳産のオオバギボウシ「朝光錦」（Hosta sieboldiana var.montana cv. 'Chokyo-Nishiki'）このギボウシは日本の業者がいい加減に出荷したため国際登録名が Hosta 'On-Stage' で登録された。しかし、園芸植物の国際命名規約にて命名の先取権があるため、米国ギボウシ協会と安倍が折衝中。

竹内郁子　日本画
左の「湖上・ベトナム」は 2013 年茨城県芸術祭美術展奨励賞受賞作品
筆者の随想に掲載した「ハノイの物売り」は亜細亜美術展新人大賞を受賞。
その他、IAC 美術展で受賞多数。

付属資料：奉仕会活動の略年表

西暦	世界の出来事、奉仕会関連の出来事
1901	杉野忠夫先生生まれる　明治 34 年
1910	栗田先生生まれる　明治 43 年
1923	関東大震災
1941	太平洋戦争始まる
1945	広島・長崎へ原子爆弾投下．太平洋戦争終わる
1950	朝鮮戦争始まる
1951	サンフランシスコ平和条約
1954	第五福竜丸ビキニ環礁で被爆
1956	東京農業大学農業拓殖学科創設。初代学科長に杉野忠夫先生
1960	第 1 次安保闘争
1961	農業基本法制定、ベルリンの壁が建設される
1962	キューバ危機起きる 社会福祉法人慈光学園（1960 年 6 月 4 日）が認可される。 東南アジアをはじめ 11 ヶ国の学生による国際ワークキャンプが萬蔵院で行われる。杉野先生と萬蔵院住職中川祐俊氏との繋がりから、ワークキャンプに参加するようになる。未だ団体の名前がなく、住職に命名を依頼し、メンバーとの間で議論した末に「農大奉仕会」と命名される
1963	11 月ケネディ大統領暗殺される
1964	第 18 回東京オリンピック開催 ・中村啓二郎 SCI 韓国ワークキャンプに参加
1965	日韓基本条約締結、ベトナム戦争激化 6 月 29 日：杉野忠夫先生急性心不全の為に逝去 ・第 1 次韓国派遣隊：中村啓二郎、岡本寛太、山口克升、沼倉公昭、地曳隆紀、中西昭二、田中義登、小野賢二、中木義宗、鹿島宏（SCI）ら 9 名
1966	・12 月希望村に IVF 開設合意 ・韓国隊派遣　第 2 回ワークキャンプ
1967	・IVF 誕生 (1969 年第 5 次計画書に記載) ・第 3 次韓国隊派遣：笹子実（隊長）、鈴木英昭、千葉征男、後藤國夫、新原実、鉢之原耕治、吉岡俊彦、山崎俊夫、勝俣節代、石井光子 ・IVF での調査、地域住民との交流、KWCC 主催のワークキャンプ参加
1968	5 月：イタイイタイ病が公害病として認定、6 月：大気汚染防止法・騒音規制法、8 月：公害対策基本法 ・第 4 次韓国隊派遣
1969	アポロ 11 号人類初の月着陸。東大紛争・安田講堂占拠事件 ・第 5 次韓国隊派遣：戸松正（隊長）、早乙女淳、大島健男、藤本彰三、江頭正治、内藤信雄、菅田正治、竹内定義 ・IVF（国際奉仕農場）でのワークキャンプで、農地の造成を中心とした作業、希望村調査活動、IVF 支援活動
1970	大阪万国博覧会開催、よど号ハイジャック事件、第 2 次安保闘争 ・千葉征男 IVF 赴任 ・第 6 次韓国隊派遣：竹内定義（隊長）、米崎軸、内藤信雄、菅田正治、栗田絶学、池田好雄、斎藤司朗・田中博隆（栗田研究室）
1971	3 月バングラデシュ独立 ・第 7 次韓国隊派遣：（栗田先生渡韓）、内藤信雄（隊長）、栗田絶学、愛川恭二、向井孝男、竹中邦一、石川久、町田正、伊藤達男 ・希望村調査活動、IVF 支援活動、全羅南道にて農家研修及び調査 ・東南アジア調査隊：藤本彰三（隊長）、米崎軸、斉藤司朗、池田好雄 　マレーシア、南ベトナム、タイで調査活動

1972	日中国交正常化、沖縄本土復帰 ・第8次韓国隊派遣：池田好雄（隊長）、向井孝男、上高原正人、鈴木宮子、 　藤本芳博、小嶋博美、久保明三 　IVF、希望村での協力・合同作業、鉢三里で農家実習 ・バングラデシュ日本赤十字による復興ボランティア活動に、伊藤達男、梶谷満昭、 　石川久が参加
1973	・アジア孤児福祉財団・松田竹千代理事長設立のベトナム孤児職業訓練所に栗田先生が 　農業分野で協力。戸松正、長尾文博（探検部OB）が赴任 ・ベトナム隊派遣：戸松正赴任中の訓練所へ藤本芳博、小島博美（74年に小原正敏と交 　代）長期研修 ・第9次韓国隊派遣：伊藤達男（隊長）、久保明三、上川正昭、黒瀬博彦、市丸浩、小 　原正敏、松浦良蔵、岩澤貞夫、小笠原恵美、後藤哲、国吉利之、久保悦郎。希望村で 　の協力・合同作業、鉢山里で農家研修 　・市丸浩、松浦良蔵がFAO主催国際ワークキャンプに参加
1974	有吉佐和子　複合汚染(朝日新聞連載) ・第10次韓国隊派遣隊：市丸浩（隊長）、橋本力男、飯島茂樹、佐藤勉、勝木はるみ、 　板垣啓四郎、中島美智子、白原一司。IVF、希望村での共同作業・調査。鉢山里で農家 　研修、江原大学、農村振興庁、畜産試験場などを訪問 ・第3次東南アジア・ベトナム隊派遣：黒瀬博彦（隊長）、古村哲、松浦良蔵、後藤哲。 　孤児職業訓練所での活動拠点に近隣の調査 ◆国際奉仕農場（IVF）を韓国人スタッフに引き継ぎ、地曳隆紀ら帰国 　IVF終了により海外派遣隊の方向性を模索することになる
1975	ベトナム戦争終結 ◆ベトナム戦災孤児職業訓練所から戸松ら帰国 ・第11次韓国隊派遣：後藤哲（隊長）、伊藤秀雄、中島美智子、熊谷正一、 　瀬谷純子。IVF、希望村での共同作業・調査。鉢山里で農家研修、江原道・ソウル農科 　大学・慶熙大学等訪問、木浦共生園訪問 ・第1次インド調査隊（本拠地模索）：市丸浩(隊長)、岩澤貞夫、橋本力男、橋本文治 　インド南部で農家実習・調査。佐藤農場研修、国立野蚕試験場等見学 ◆70年代後半より有機農業へ方向性を進める
1976	栗田ゼミで内観がテーマとなる 三芳村ワークキャンプ
1986	4月チェルノブイリ原発事故
1987	**8月12日：栗田先生他界、享年77歳**
1989	・昭和天皇崩御(1月7日)。新元号は平成 ・ドイツベルリンの壁崩壊　・バブル経済最高期日経平均株価 38,957円
1995	地下鉄サリン事件発生、阪神淡路大震災(1月17日)
1997	7月1日香港返還、バブル崩壊(山一証券破綻)
2001	アメリカで同時多発テロ発生、狂牛病問題が発生
2002	北朝鮮による拉致被害者5名が帰国
2011	東日本大震災(3月11日)
2015	**奉仕会ＯＢ会・農大で開催**
2018	**奉仕会ＯＢ会・栗田先生33回忌墓参**

編集後記

　平成30年10月13日の奉仕会OB会閉会時でした。会歌を斉唱した直後に小野賢二さんが呼びかけた「奉仕会の活動を活字にして残そう。歴史と思いを共有しよう」という言葉から、この随想集がつくられることになりました。

　小野さんを中心に栗田絶学、小原正敏、清水美智子、松浦良蔵の「関東近県で集まれる者」が編集を担当し、執筆者33人と資料を含めて180頁を超える随想集ができあがりました。OB以外からは豊原秀和東京農業大学名誉教授と真言宗豊山派萬蔵院第74世住職の中川祐聖大僧正にご寄稿いただき、原点を示していただきました。さらに、編集をご指導下さった東京農業大学出版会の袖山常務のご助言で、思いもよらず農大出版会から刊行することになりました。随想集にご好意をお寄せくださいました皆様に心からお礼申し上げます。

　ここに海外農業協力の志を持った青年達の生き様を活字として残すことができました。私達編集委員は、執筆者の思いのこもった原稿を繰り返し読ませていただき、目頭が熱くなって校正の筆が進まなくなったことが再三ありました。この小誌をお手にとって下さった皆様の心の中に、何かの「しるべ」が生まれる事がありましたら、これに勝る喜びはありません。

編集委員を代表して　松浦良蔵

東京農業大学奉仕会
国際協力と環境保全を志した若者達の軌跡

2019年（令和元年）8月12日　初版第1刷発行

編者　東京農業大学奉仕会OB会

発行　一般社団法人東京農業大学出版会

　　　代表理事　進士五十八

　　　住所　〒156-8502 東京都世田谷区桜丘1-1-1

　　　Tel 03-5477-2666　　Fax 03-5477-2747

印刷／キンコーズ・ジャパン(株)横浜駅西口店

ISBN978-4-88694-494-8　C0037　¥1800E